高等职业教育“十二五”重点建设规划教材
高等职业教育课程改革项目研究成果

工程图学习题集

郭纪林　主　审
顾吉仁　江　涛　周华军　主　编
罗会藩　欧茂川　王　进　副主编

北京理工大学出版社
BEIJING INSTITUTE OF TECHNOLOGY PRESS

内 容 提 要

本习题集是《工程图学》教材的配套用书。其内容编排与教材基本一致，在深度和广度上紧扣教材，由易到难，有一定的伸缩性，可供教师灵活选用。

全书共十三章，其主要内容有工程图学基本知识、正投影的基本知识、立体的投影、轴测图、组合体、机件的常用表达方法，标准件与常用件，零件图、装配图、建筑制图、电气图样、化工制图和计算机绘图基础。

本书主要作为普通高等学校 50 ~95 学时非机类工程图学的教材，也可以供其他院校相关专业选用。

图书在版编目（CIP）数据

工程图学习题集 / 顾吉仁，江涛，周华军主编. —北京：北京理工大学出版社，2011. 1

ISBN 978 -7 -5640 -4020 -8

Ⅰ. ①工… Ⅱ. ①顾… ②江… ③周… Ⅲ. ①工程制图 - 高等学校 - 习题 Ⅳ. ①TB23 -44

中国版本图书馆 CIP 数据核字（2010）第 245213 号

出版发行 / 北京理工大学出版社
社　　址 / 北京市海淀区中关村南大街 5 号
邮　　编 / 100081
电　　话 / (010)68914775(办公室) 68944990(批销中心) 68911084(读者服务部)
网　　址 / http：// www. bitpress. com. cn
经　　销 / 全国各地新华书店
印　　刷 / 北京慧美印刷有限公司
开　　本 / 787 毫米 ×1092 毫米 1/16
印　　张 / 10. 25
字　　数 / 104 千字
版　　次 / 2011 年 1 月第 1 版 2011 年 1 月第 1 次印刷
印　　数 / 1 ~4000 册
定　　价 / 18. 50 元

责任编辑 / 张慧峰
责任校对 / 陈玉梅
责任印制 / 边心超

前　言

本习题集是在北京理工大学出版社2009版《工程图学习题集》的基础上改编的，根据教育部制订的“高等学校工科本科工程制图基础课程教学基本要求”，在总结各院校工程制图课程教学改革研究与实践的成果和经验的基础上编写的，与北京理工大学出版社出版的《工程图学》教材配套使用。

本习题集由海南科技职业学院郭纪林担任主审，海南科技职业学院顾吉仁、周华军和江涛主编，海南科技职业学院罗会藩、欧茂川和王进副主编。具体编写分工如下：第六、八、十章由顾吉仁编写，第二、四、五章由周华军编写，第七、九章由江涛编写，内容提要、前言、第一章由罗会藩编写，第三章由王进编写，其中海南科技职业学院王月雷也参与本习题集的部分编写工作，在此表示感谢。

本书在改编过程中得到海南科技职业学院杨秀英院长的指导和帮助。

尽管我们在本习题集的特色建设方面做出了许多努力，但是由于时间仓促且编者水平有限，书中不足之处恳请各教学单位和读者在使用本习题集的过程中给予关注，并将意见和建议及时反馈给我们，以便进一步提高和完善本习题集的质量。

编　者

目　录

第一章　工程图学的基本知识

1-1　字体练习（一）

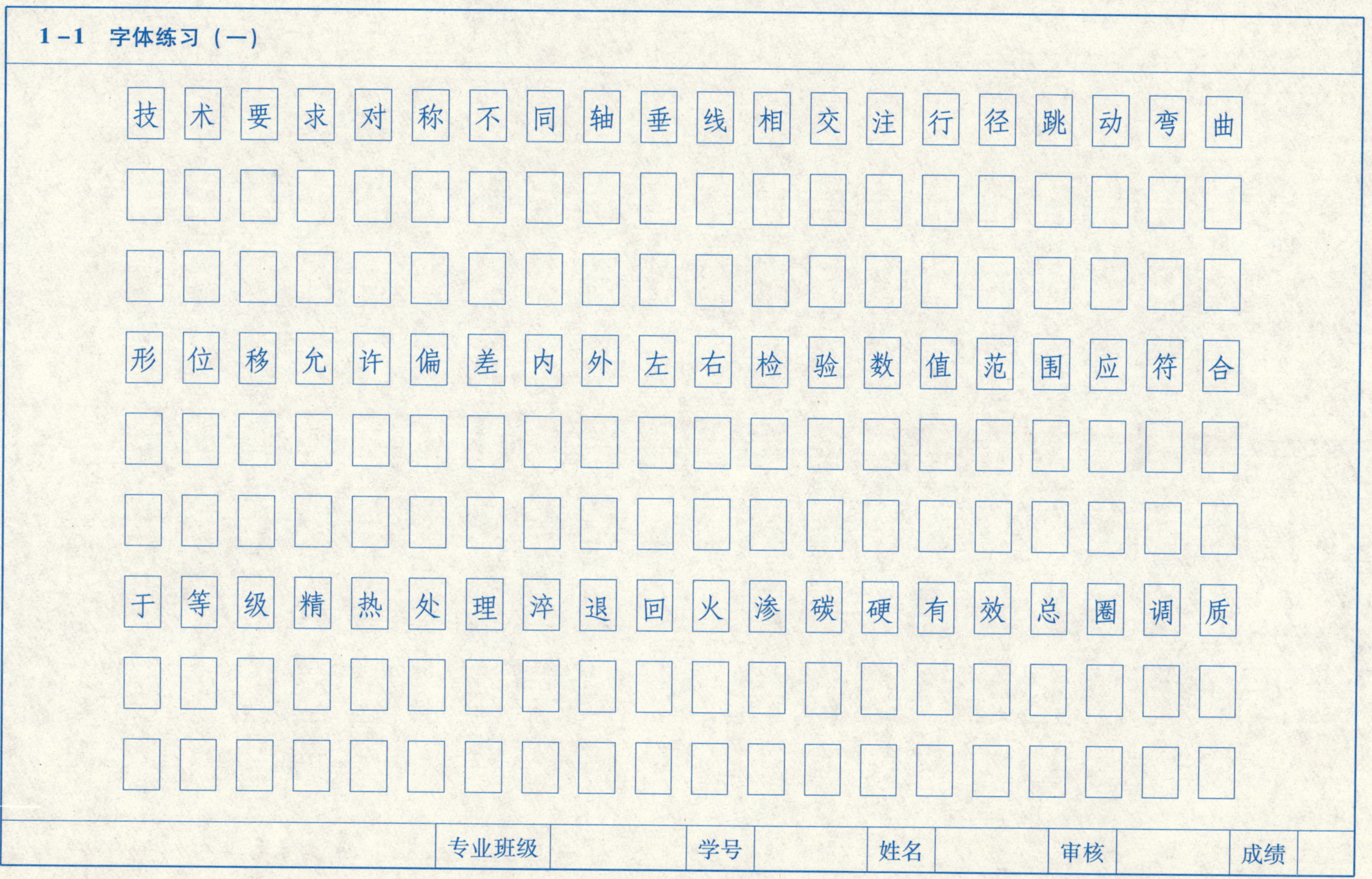

1-2 字体练习（二）

0 1 2 3 4 5 6 7 8 9 0 1 2 3 4 5 6 7 8 9 Ⅰ Ⅱ Ⅲ Ⅳ Ⅴ Ⅵ Ⅶ Ⅷ Ⅸ Ⅹ

Ⅰ Ⅱ Ⅲ Ⅳ Ⅴ Ⅵ Ⅶ Ⅷ Ⅸ Ⅹ α β γ δ ε ζ η θ ι κ λ μ ν ξ ο π ρ σ τ υ φ χ ψ ω

A B C D E F G H I J K L M N O P Q R S T U V W X Y Z

a b c d e f g h i j k l m n o p q r s t u v w x y z

专业班级		学号		姓名		审核		成绩	

1－3　图线练习

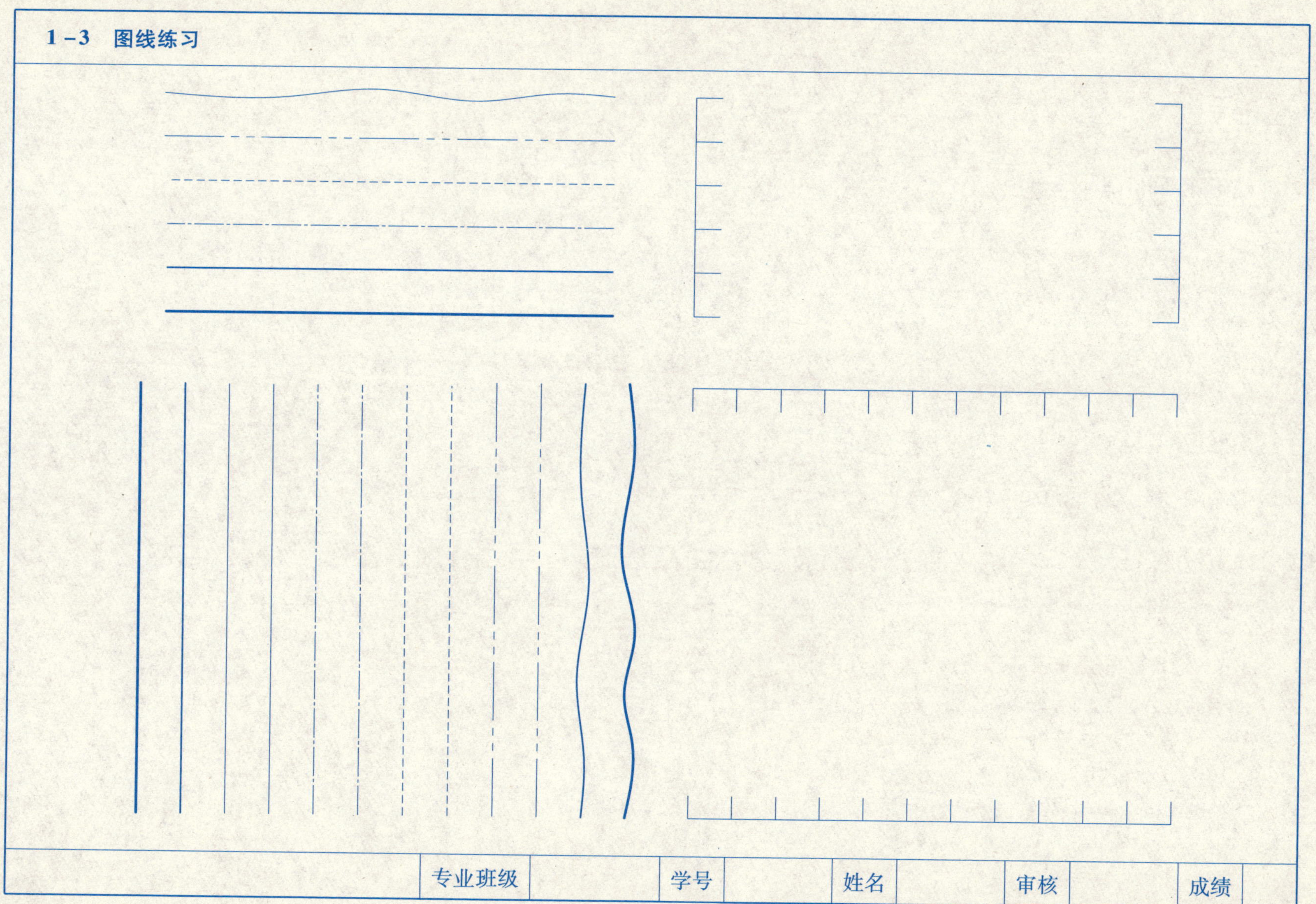

专业班级		学号		姓名		审核		成绩	

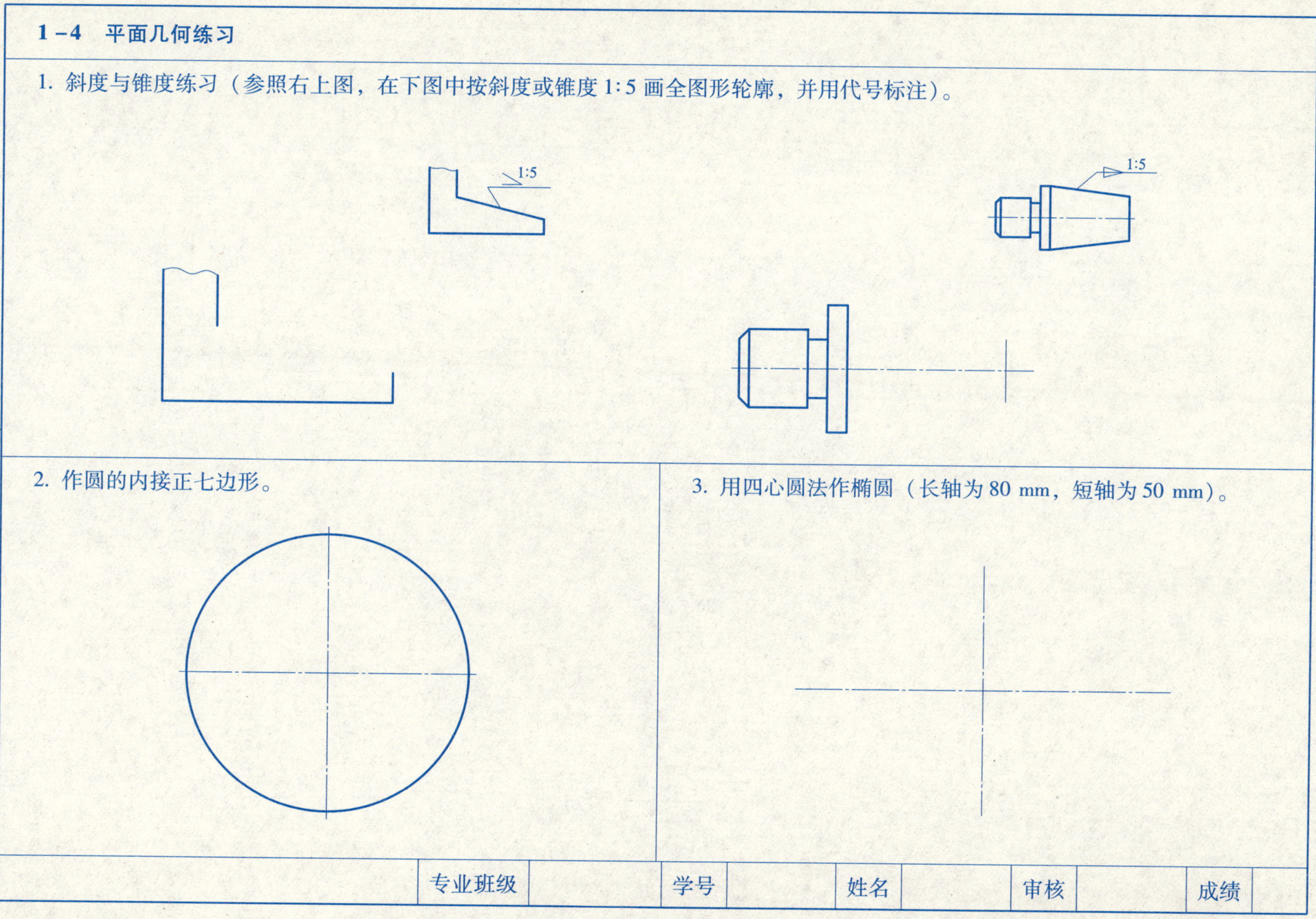

1－4　平面几何练习

1. 斜度与锥度练习（参照右上图，在下图中按斜度或锥度 1:5 画全图形轮廓，并用代号标注）。

2. 作圆的内接正七边形。

3. 用四心圆法作椭圆（长轴为 80 mm，短轴为 50 mm）。

专业班级		学号		姓名		审核		成绩	

1－5　基本练习，在 A3 图纸上用 1:1 抄绘两个图形。

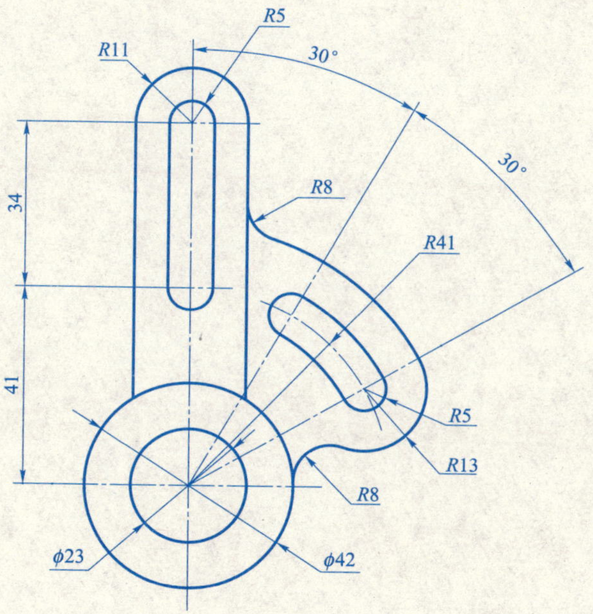

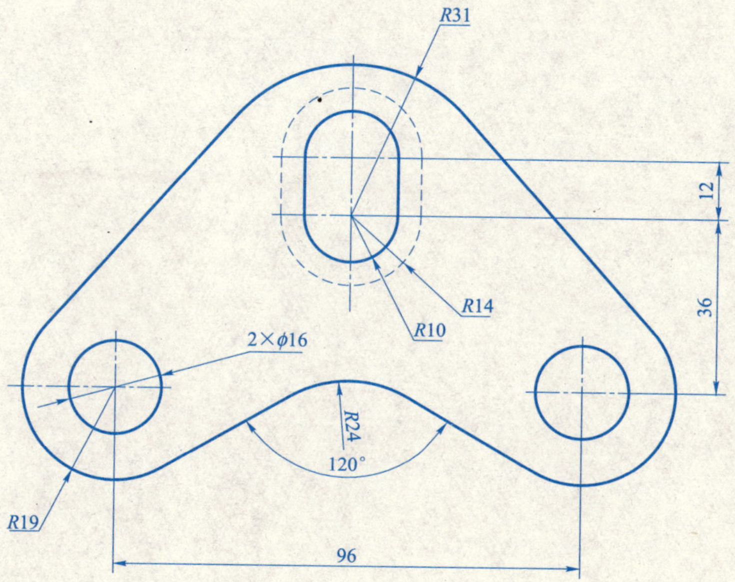

专业班级		学号		姓名		审核		成绩	

第二章　正投影的基本知识

2-1　点的投影

1. 已知 A、B、C 各点到投影面的距离，画出其三面投影图和空间点。

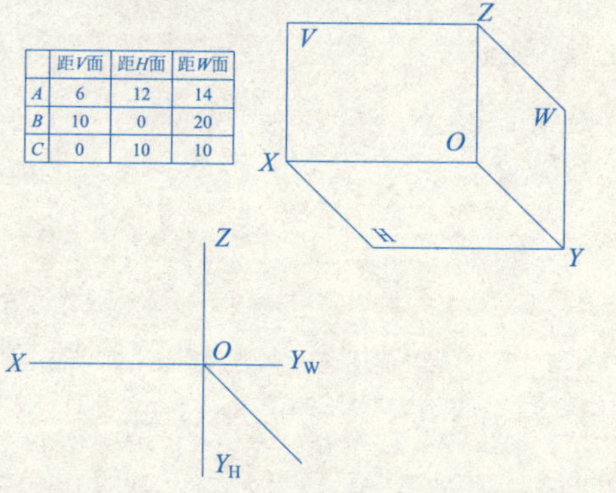

	距V面	距H面	距W面
A	6	12	14
B	10	0	20
C	0	10	10

2. 已知 Y_a =5 mm，点 B 在点 A 的正前方 10 mm，点 C 在点 A 的正右方 W 面上，求作三点 A、B、C 的投影图，并判断可见性。

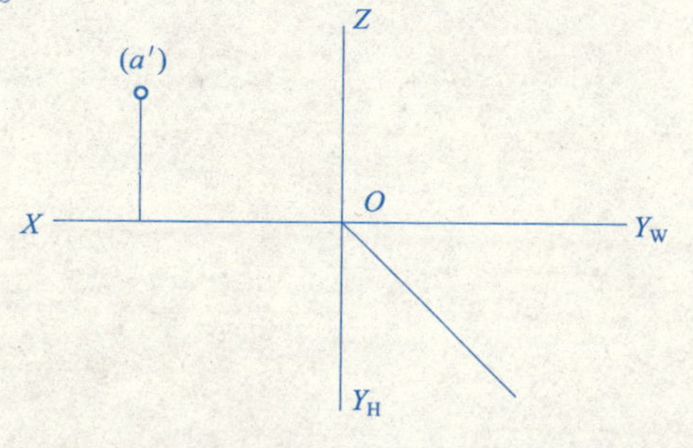

3. 已知立体上 A、B、C 三点的两面投影，求作其第三面投影。

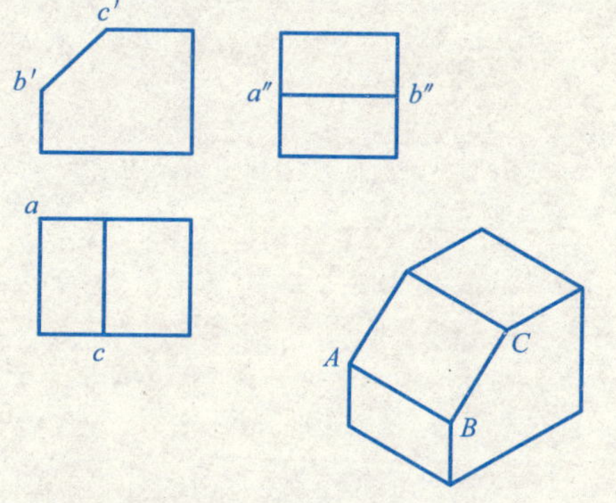

4. 在立体的三面投影中，标出 A、B、C 三点的投影。

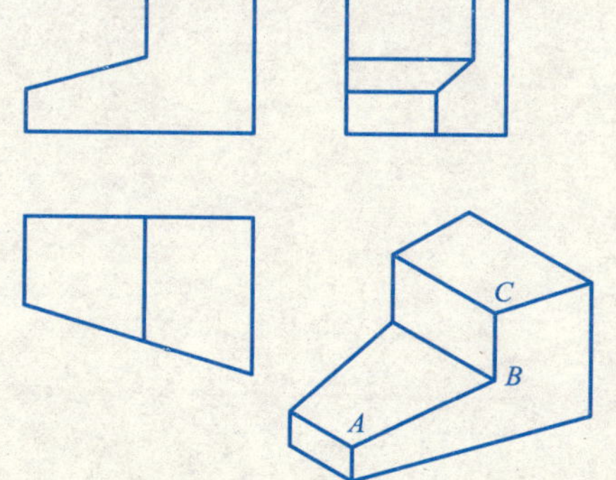

5. 已知立体上 A、B、C 三点的两面投影，求作其第三面投影。

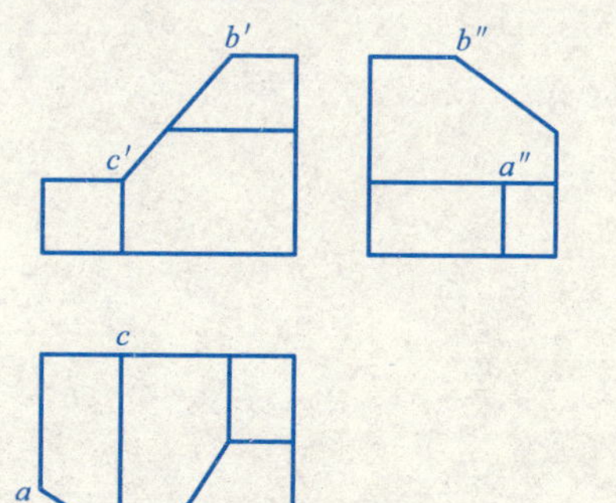

6. 判断 A、B 两点的相对位置。

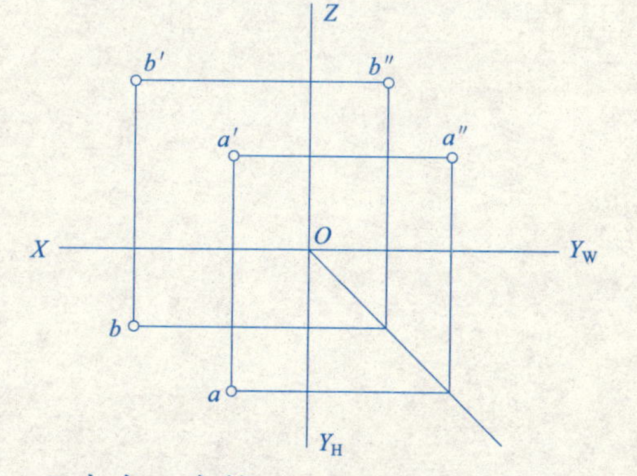

B 点在 A 点的____、____、____方。

专业班级		学号		姓名		审核		成绩	

2-2 直线的投影

1. 在直线 AB 上定出点 C，使满足给定的条件。

（1）AC∶CB＝1∶2

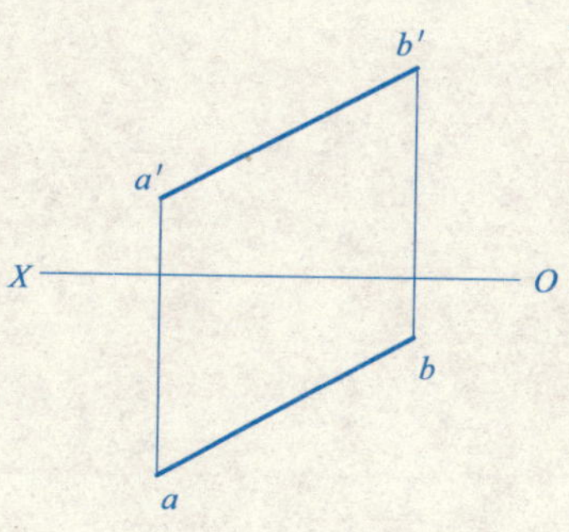

（2）AC∶CB＝2∶1

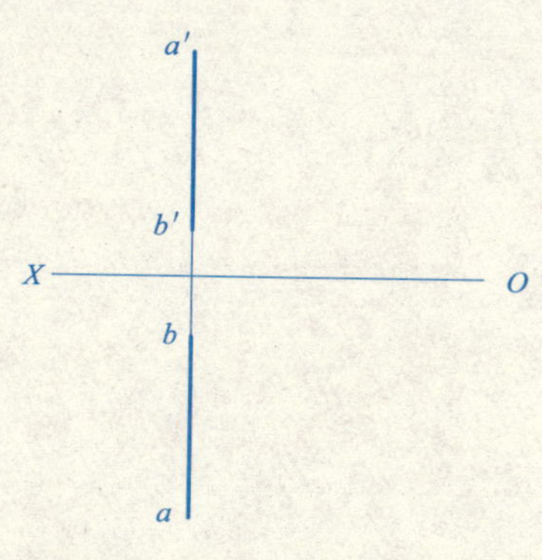

2. 根据立体图，在三视图中分别标注 A、B、C、D、E、F 的投影，并判断线段的位置。

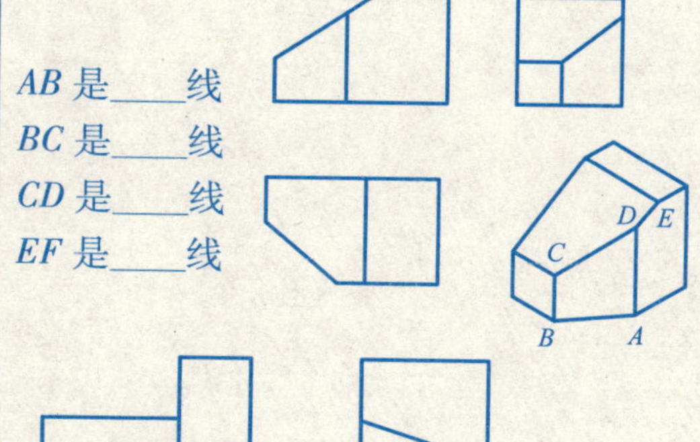

AB 是____线

BC 是____线

CD 是____线

EF 是____线

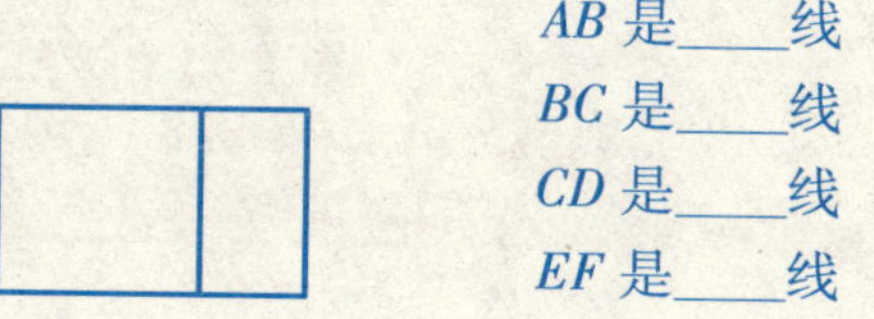

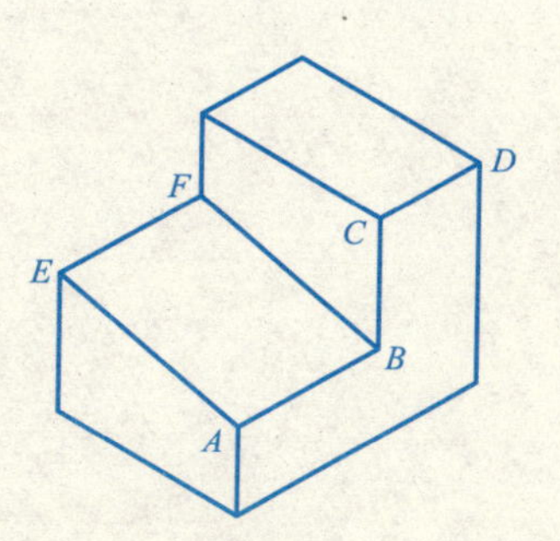

AB 是____线

BC 是____线

CD 是____线

EF 是____线

3. 已知三视图，分别标出 A、B、C、D 的三面投影，并判断直线的位置。

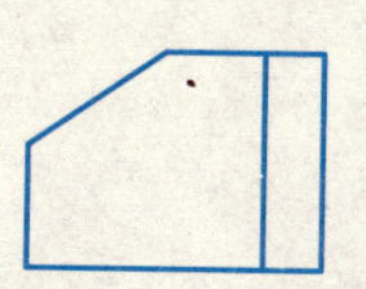

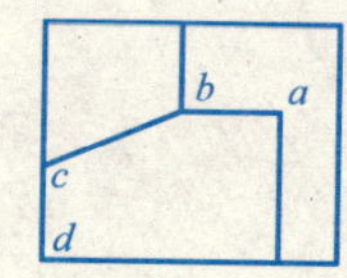

AB 是____线

BC 是____线

CD 是____线

4. 在投影图中标全指定的表面和棱线，并说明其表面和棱线对投影面的相对位置。

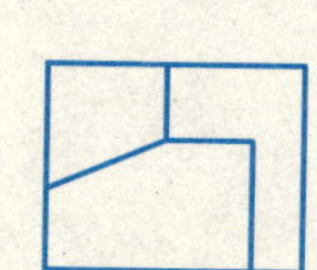

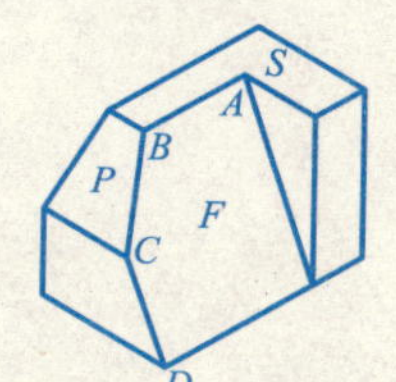

S 是____面　P 是____面　F 是____面

AB 是____线　BC 是____线　CD 是____线

专业班级		学号		姓名		审核		成绩	

2-3 平面的投影

1. 在投影图中用字母标出立体图中所示各表面的三个投影，并说明其空间位置。

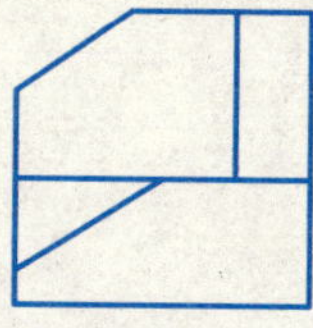

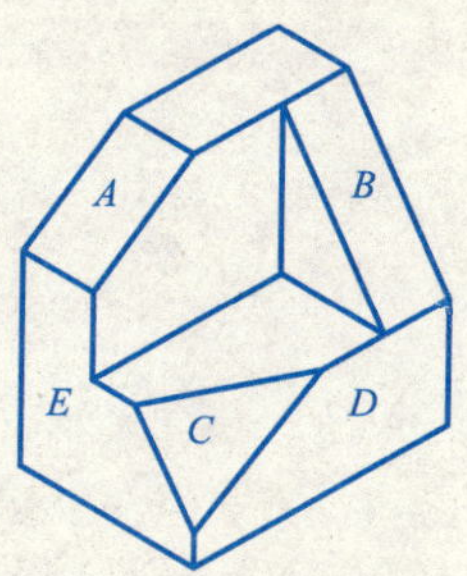

A 是____面　*B* 是____面　*C* 是____面　*D* 是____面　*E* 是____面

2. 根据平面的两面投影，求作第三面投影，并判断其空间位置。

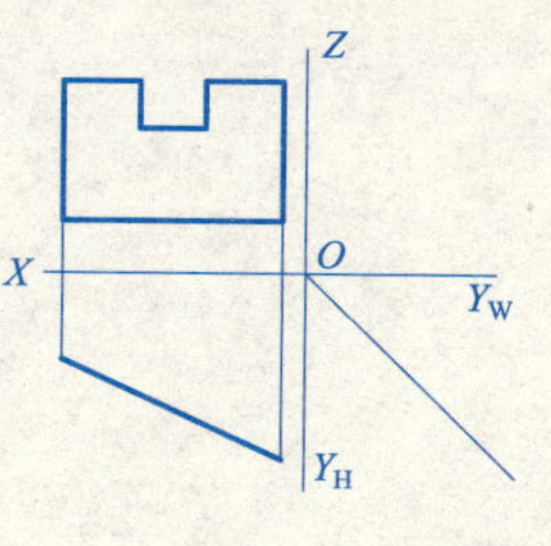

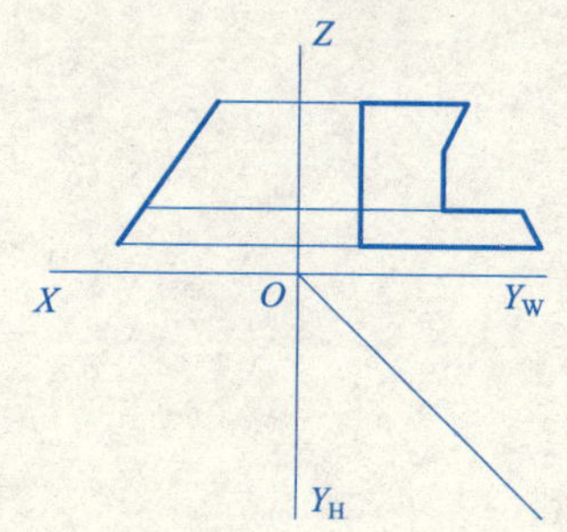

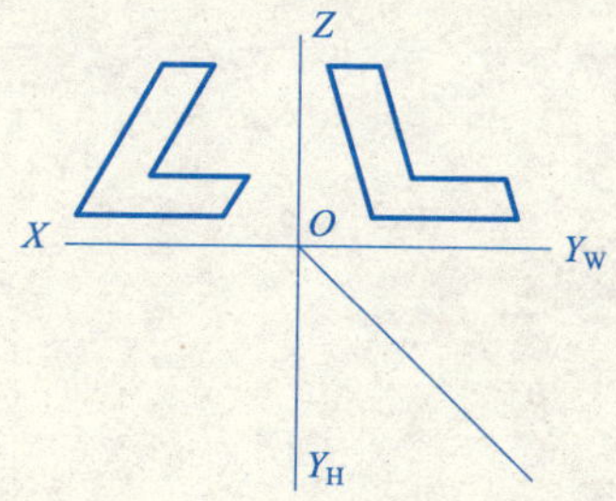

______面　　______面　　______面

专业班级		学号		姓名		审核		成绩	

2－3 平面的投影（续）

3. 判断直线 *AS*、点 *K* 是否在平面 *ABC* 上。

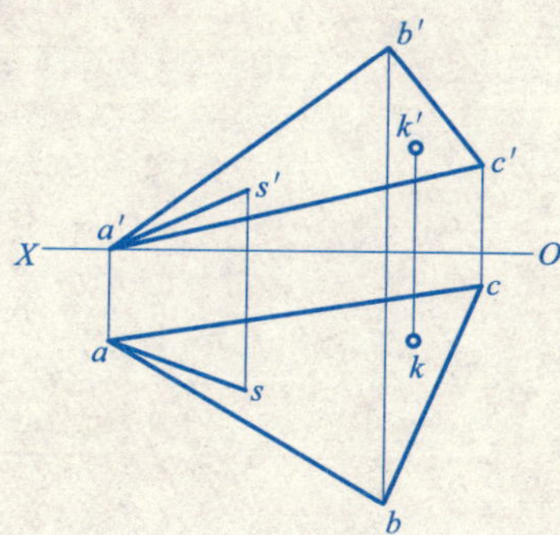

AS ____平面上

点 *K* ____平面上。

4. 已知平面 *ABC* 的两面投影，求作侧面投影并取点 *K*，使点 *K* 距 *V* 面 13 mm，距 *H* 面 16 mm。

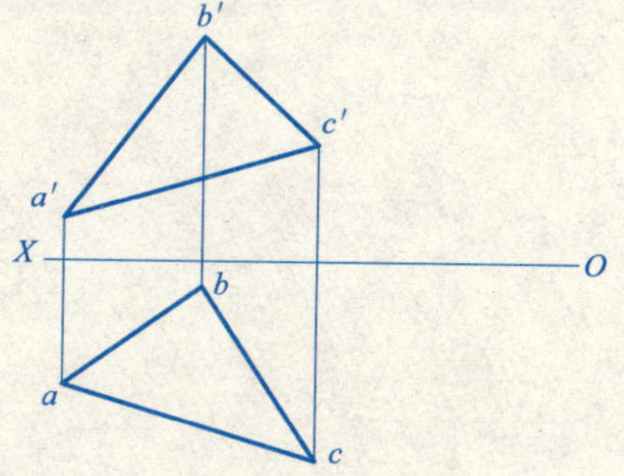

5. 已知 *BE* 为正平线，完成五角形的水平投影。

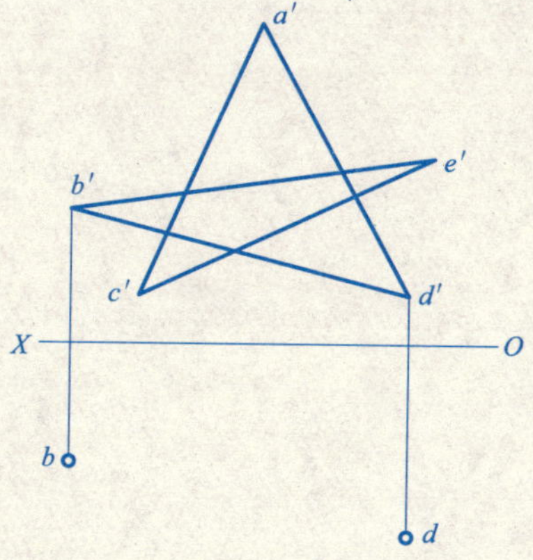

6. 已知平面 *ABCD* 上平面 *EFG* 的水平投影，求其正面投影。

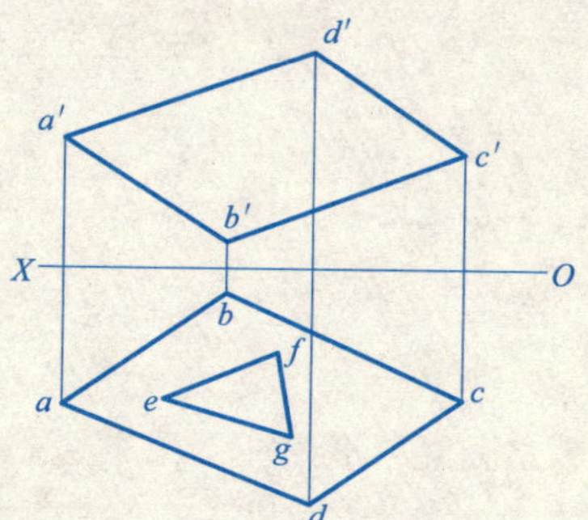

专业班级		学号		姓名		审核		成绩	

第三章 立体的投影

3－1 根据立体的轴测图，找出对应的三面投影图

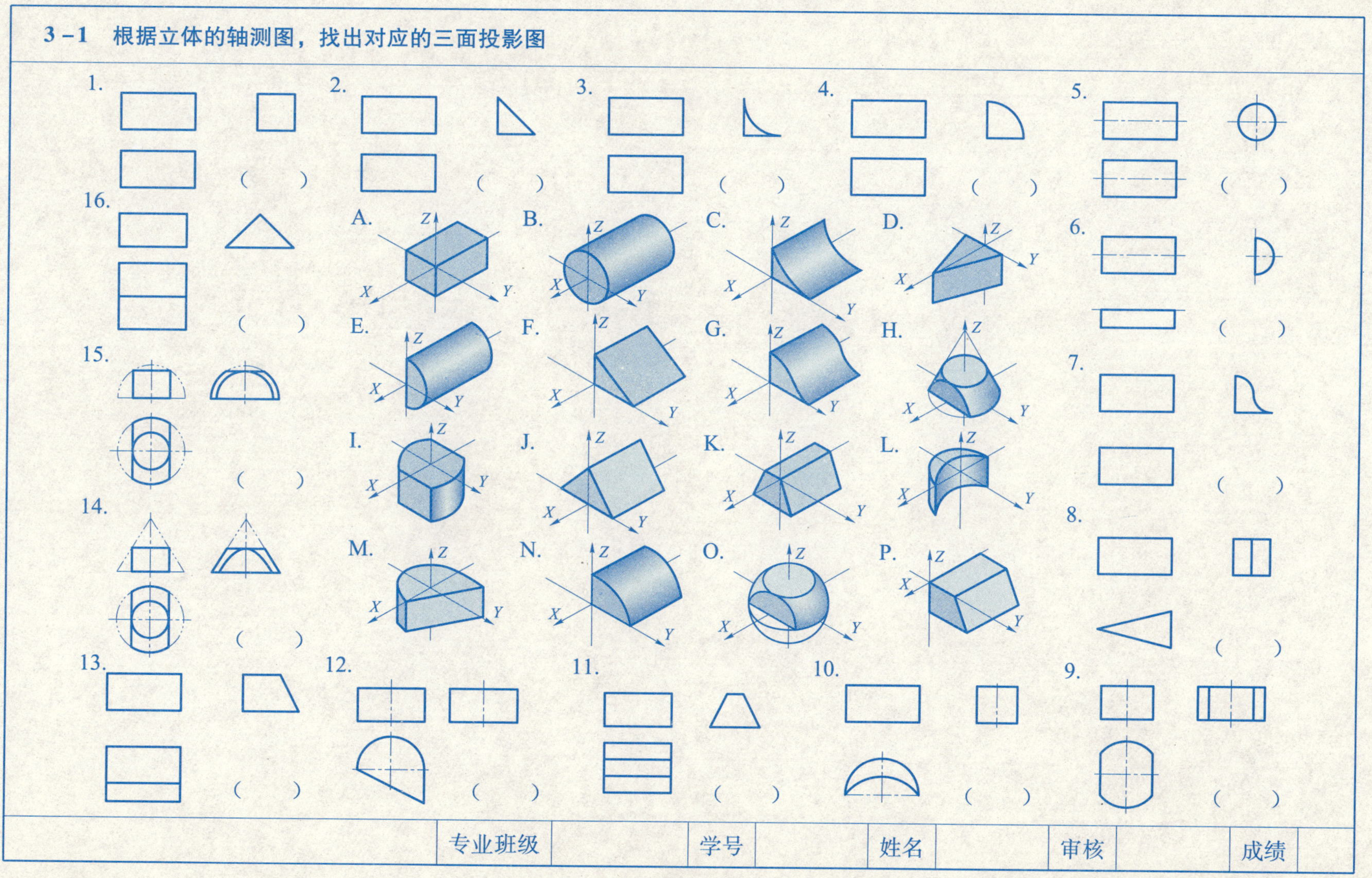

	专业班级		学号		姓名		审核		成绩	

3－2 根据回转体的轴测图，找出对应的三面投影图

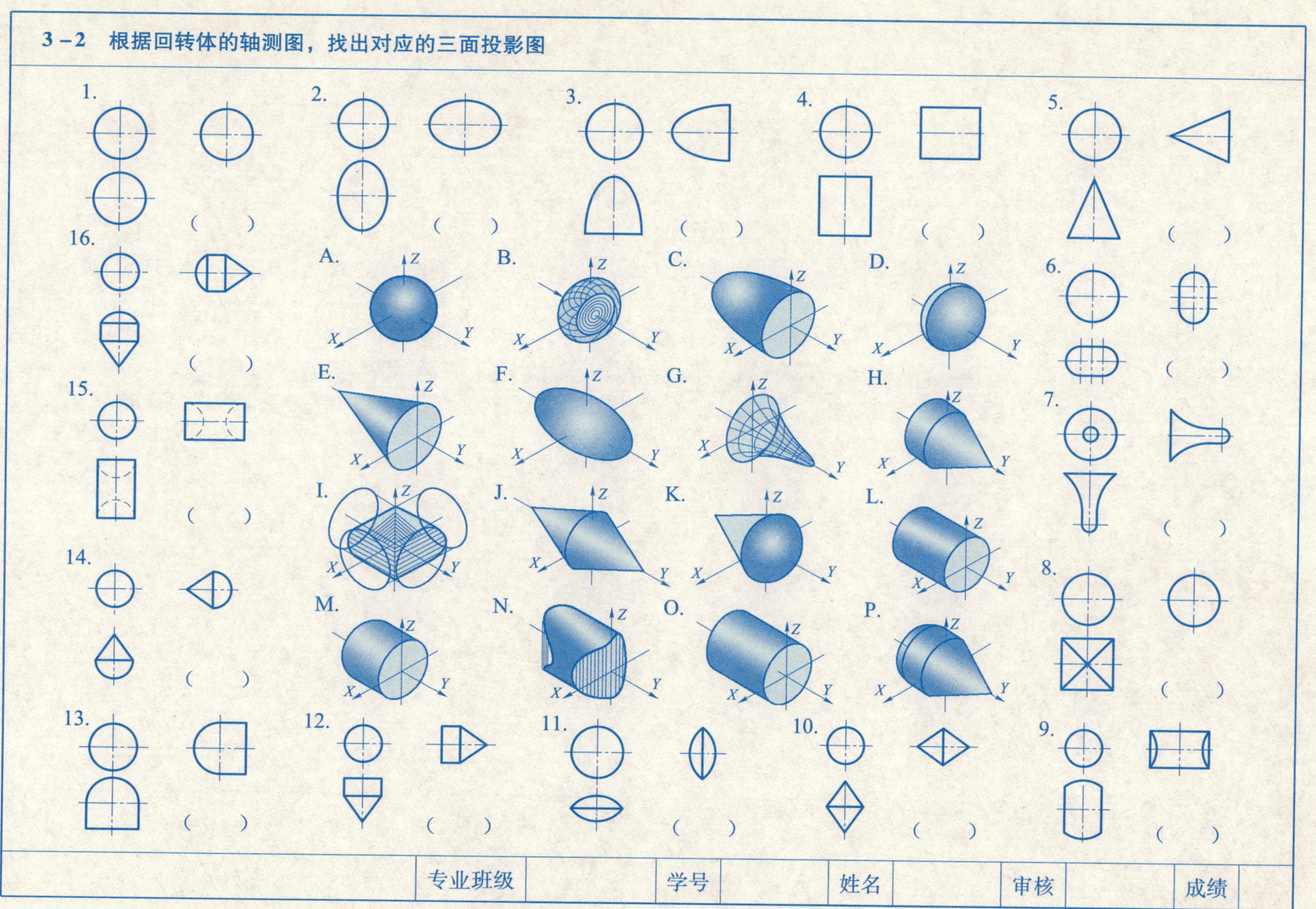

	专业班级		学号		姓名		审核		成绩	

3-3 根据轴测图上所注尺寸，用 1:1 画出立体的三面投影图

1.

32

20

2.

20

20

20

40

3.

30

20

20

10

20

10

40

4.

20

10

20

30

40

专业班级		学号		姓名		审核		成绩	

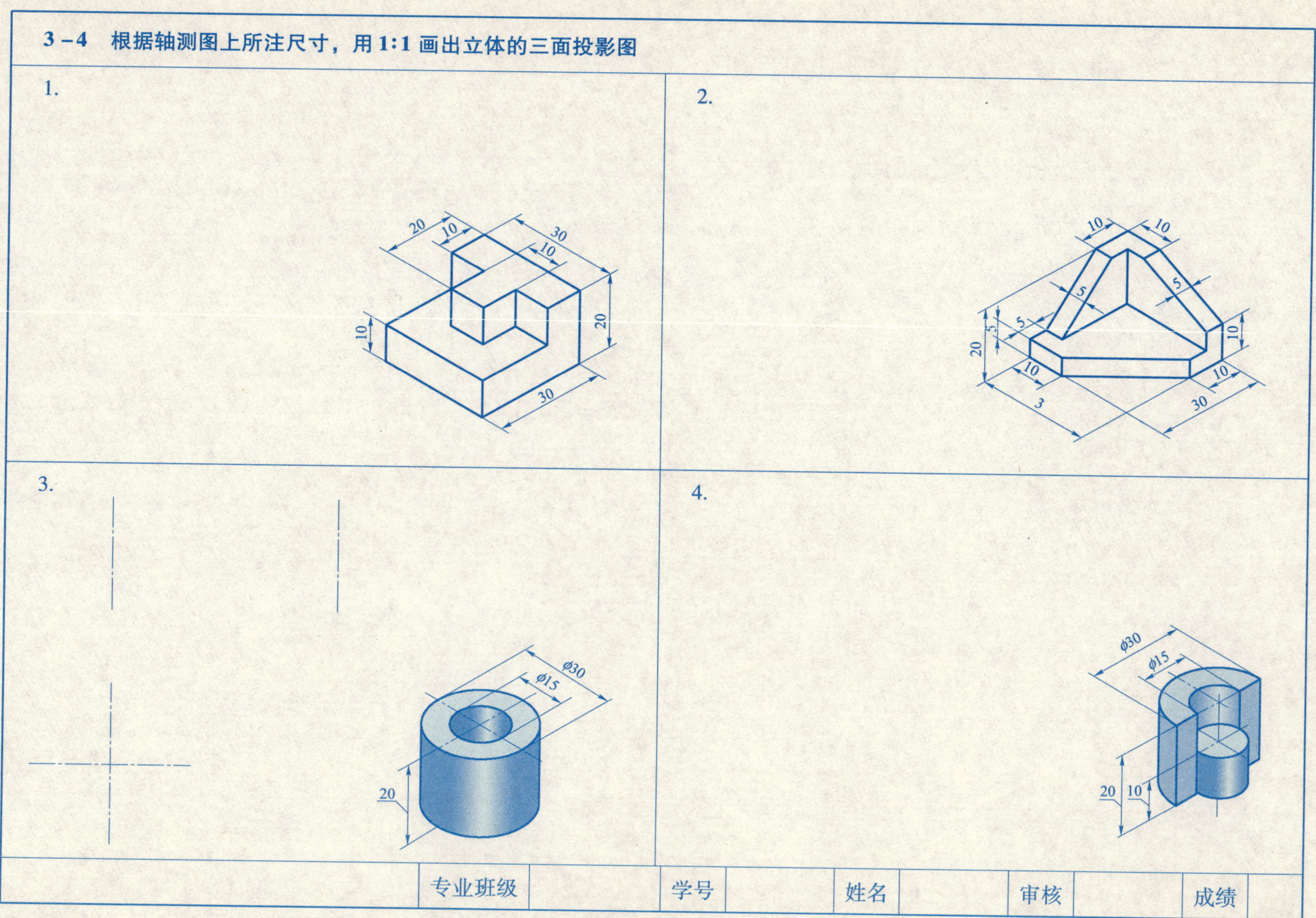
3－4 根据轴测图上所注尺寸，用 1∶1 画出立体的三面投影图
1.
20
10
30
10
20
10
30
2.
10
10
5
5
5
5
20
10
10
10
3
30
3.
ϕ30
ϕ15
20
4.
ϕ30
ϕ15
20
10
专业班级
学号
姓名
审核
成绩

3－5　根据轴测图上所注尺寸，用 1:1 画出立体的三面投影图

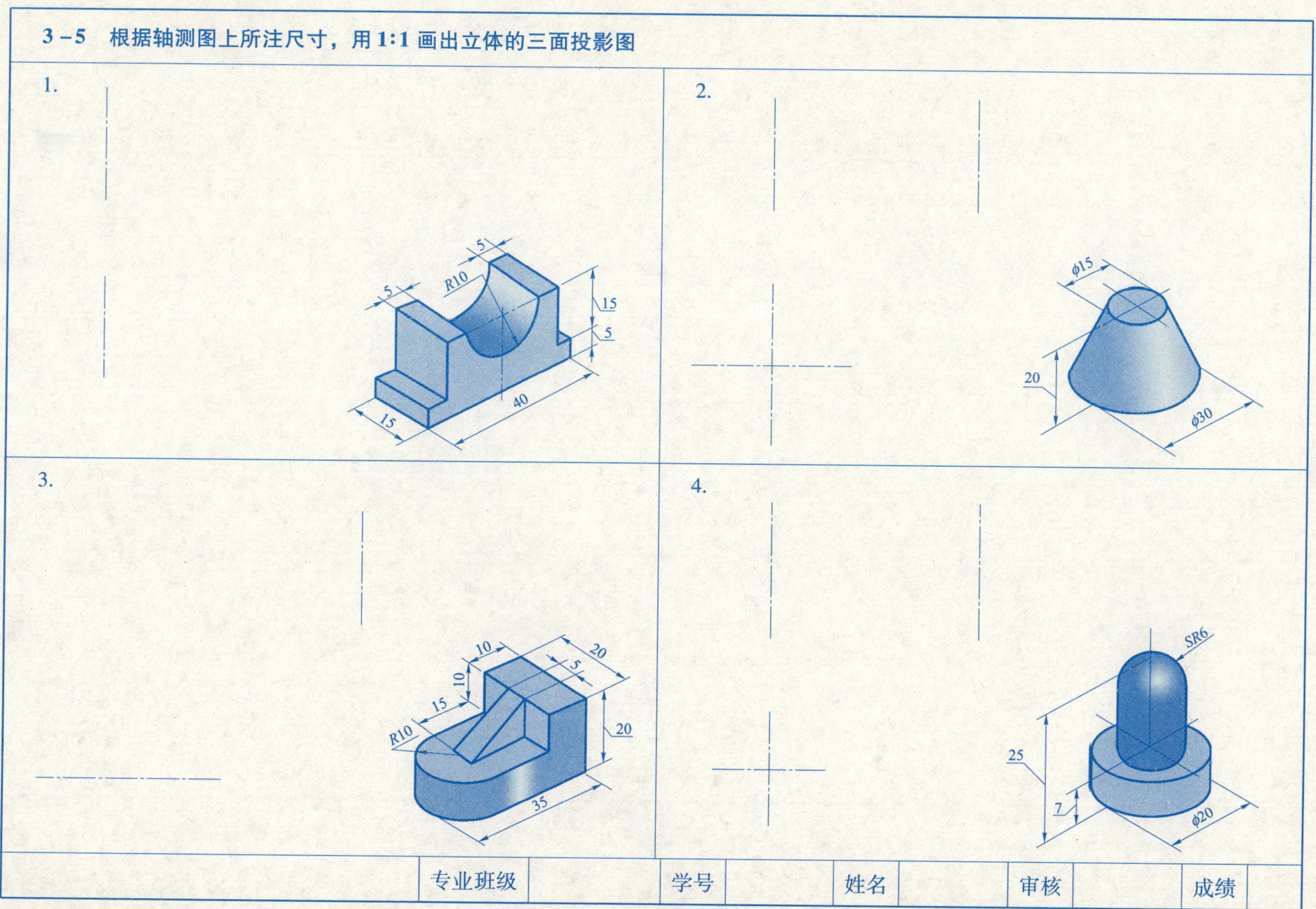

专业班级		学号		姓名		审核		成绩	

3－6　已知立体的两面投影，求作第三投影及表面上点、线的另两个投影。

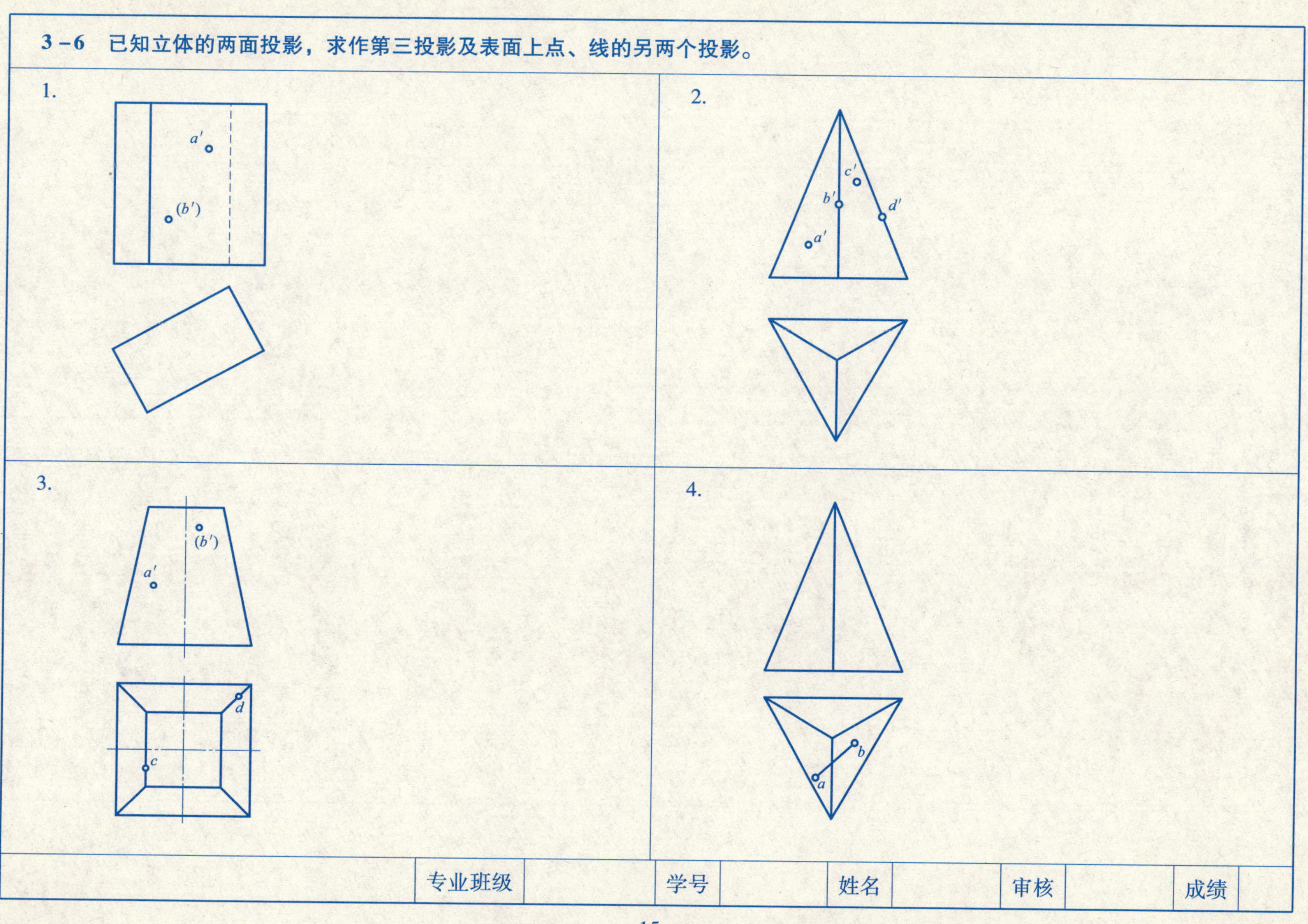

专业班级		学号		姓名		审核		成绩	

3－7 平面立体的截交线（一）

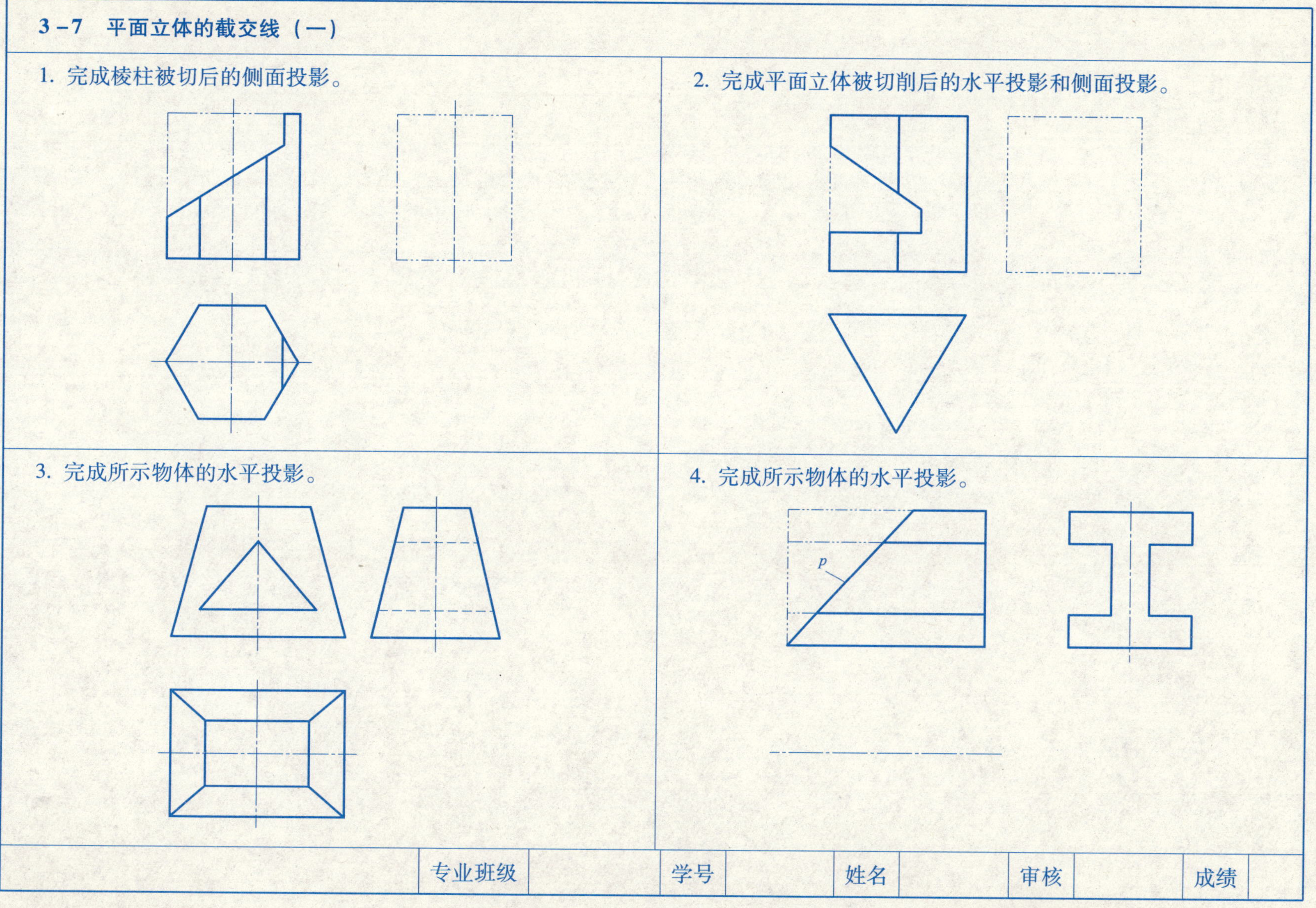

专业班级		学号		姓名		审核		成绩	

3－8　回转体表面求点、求线

1. 补画圆柱的正面投影及表面各点所缺的投影。

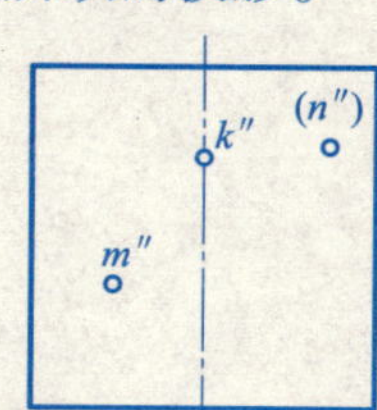

2. 补画圆锥的侧面投影及表面各点所缺的投影。

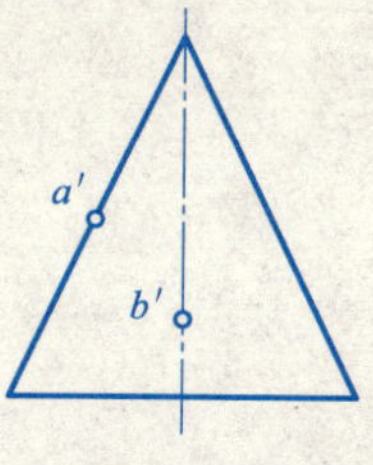

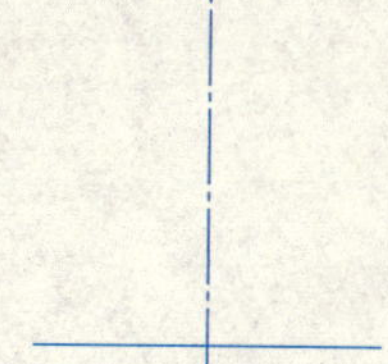

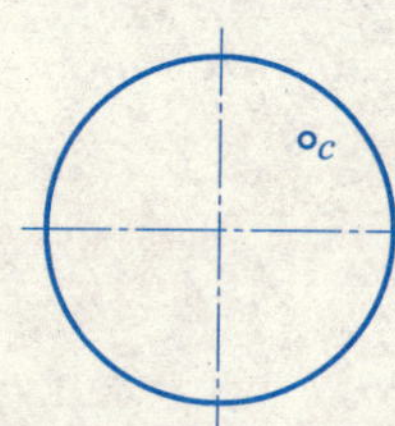

3. 已知球面上点的一个投影，作出其另外两个投影。

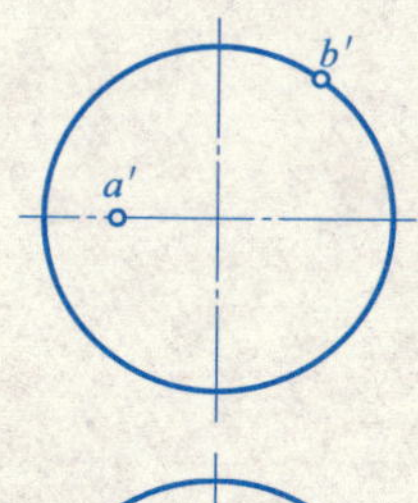

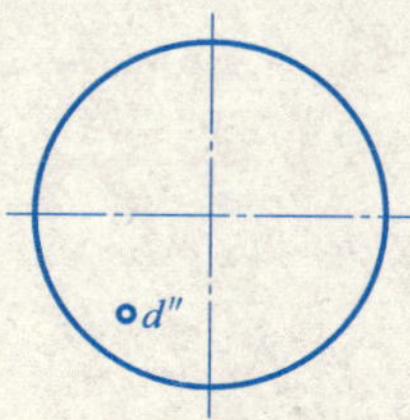

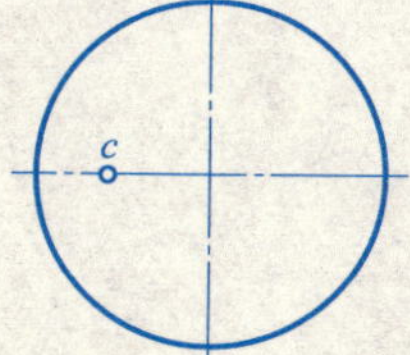

4. 补画圆台的侧面投影及表面各点所缺的投影。

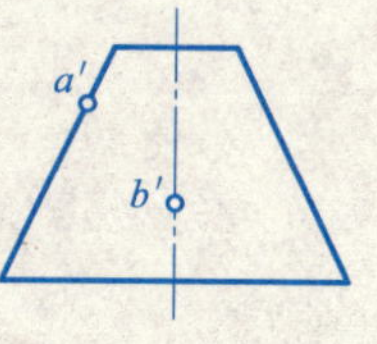

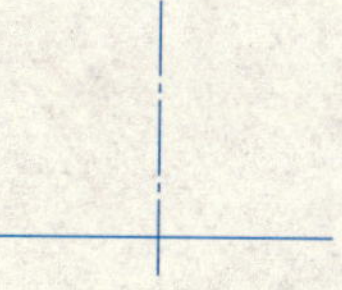

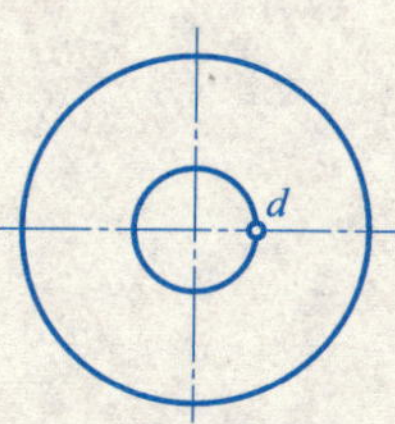

	专业班级		学号		姓名		审核		成绩	

3-9 回转立体的截交线（一）

1. 作出圆柱被平面 P 切割后的另两个投影。

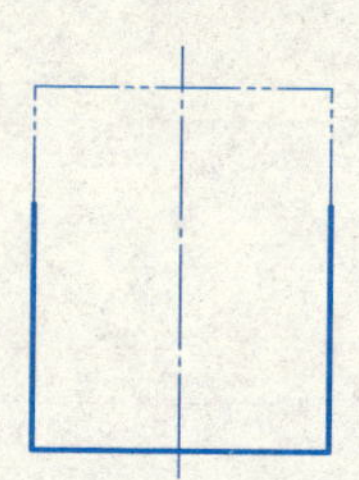

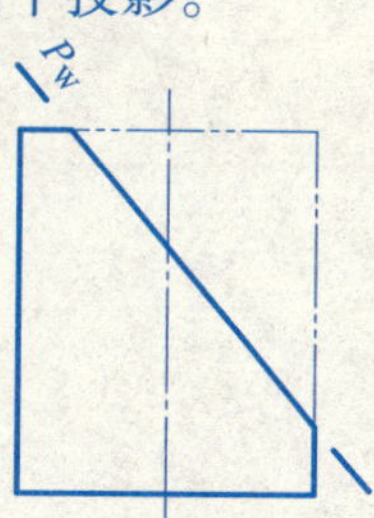

2. 作出圆锥被截切后的另两个投影。

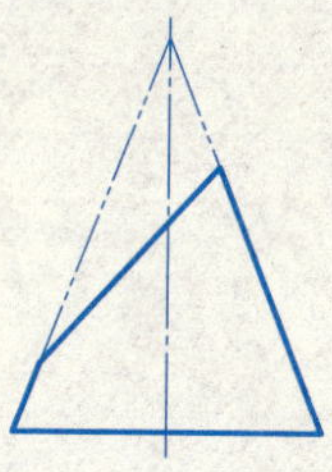

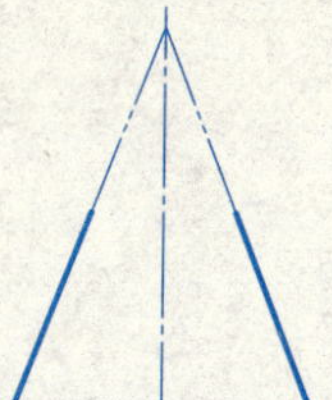

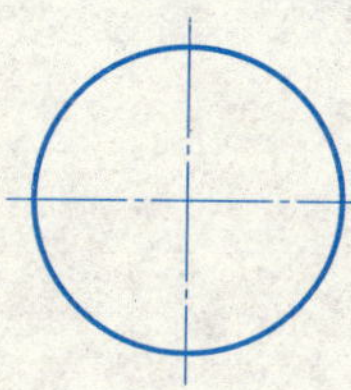

3. 作出圆球被截切后的水平及侧面投影。

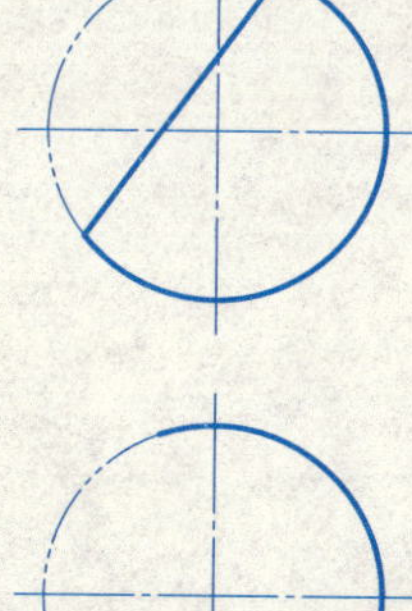

4. 求作切口几何体的第三投影。

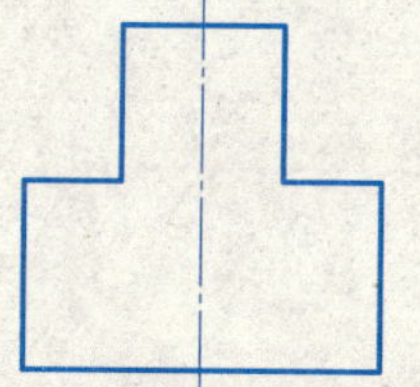

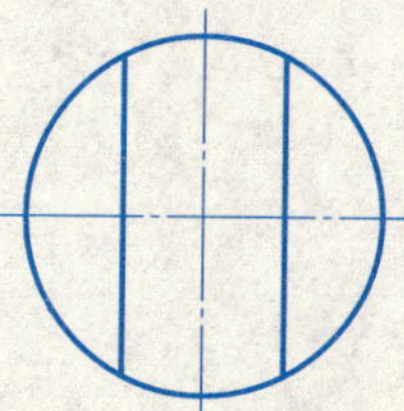

专业班级		学号		姓名		审核		成绩	

3－10 回转立体的截交线（二）

1. 求作切口几何体的第三视图。

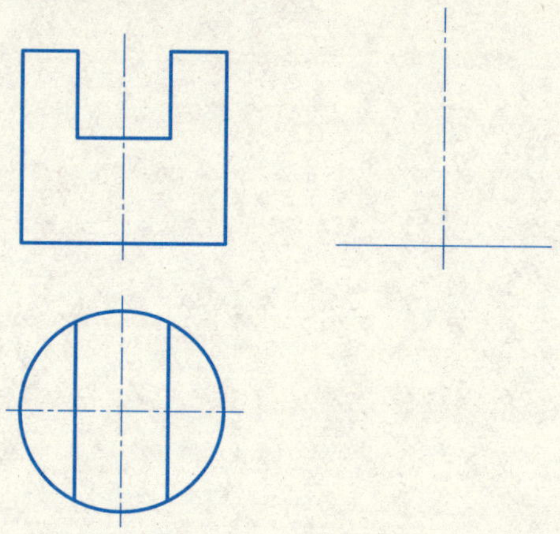

2. 求作切口几何体的第三视图。

3. 求作切口几何体的第三视图。

4. 求作切口几何体的第三视图。

专业班级		学号		姓名		审核		成绩	

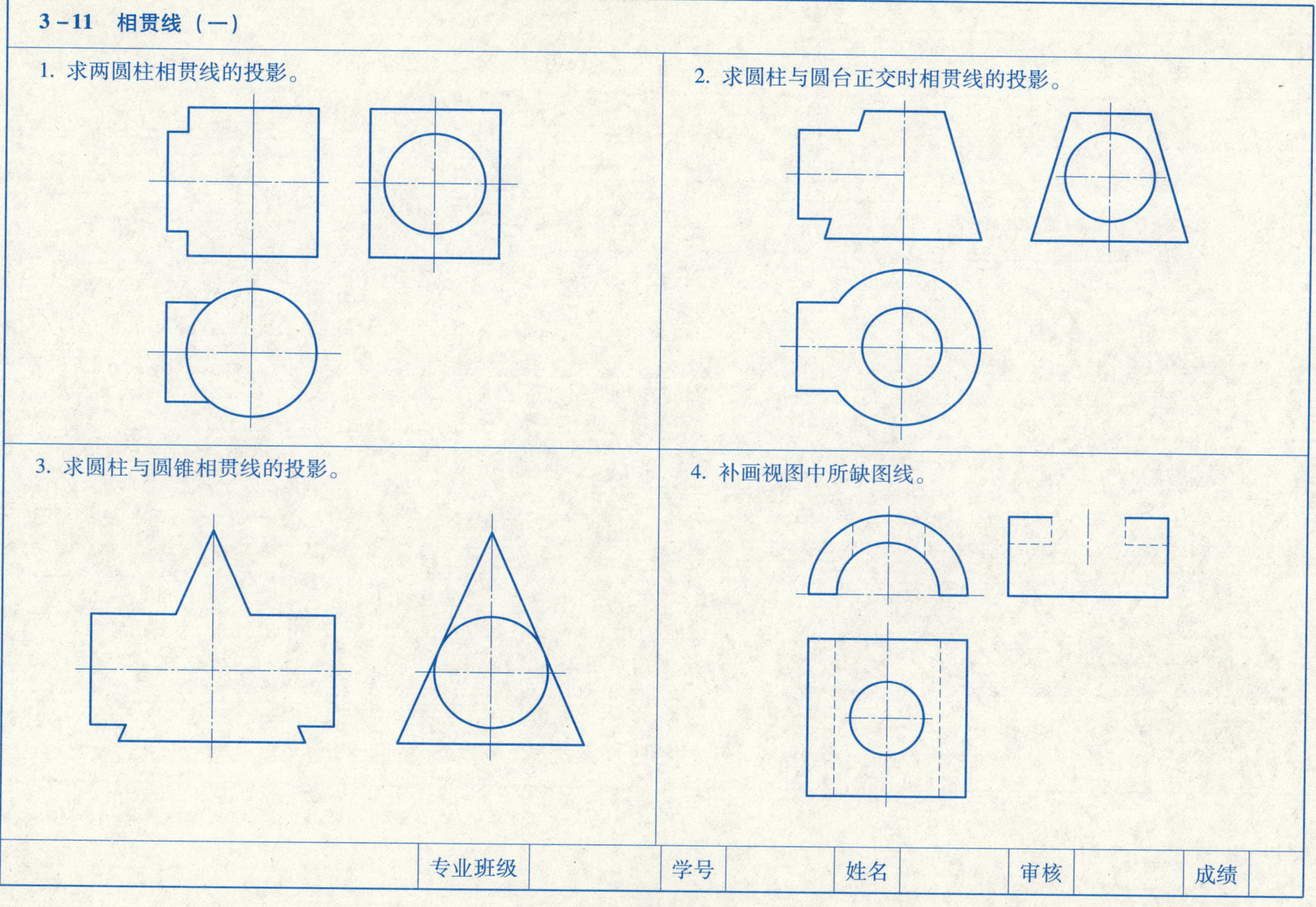
3－11　相贯线（一）
1. 求两圆柱相贯线的投影。
2. 求圆柱与圆台正交时相贯线的投影。
3. 求圆柱与圆锥相贯线的投影。
4. 补画视图中所缺图线。
专业班级
学号
姓名
审核
成绩

3-12 相贯线（二）

1. 求等直径两圆柱相贯线的投影。

2. 形体分析提示：圆球体上有轴线分别为铅垂线和侧垂线的两个等径圆柱形通孔。

3. 补全主视图。

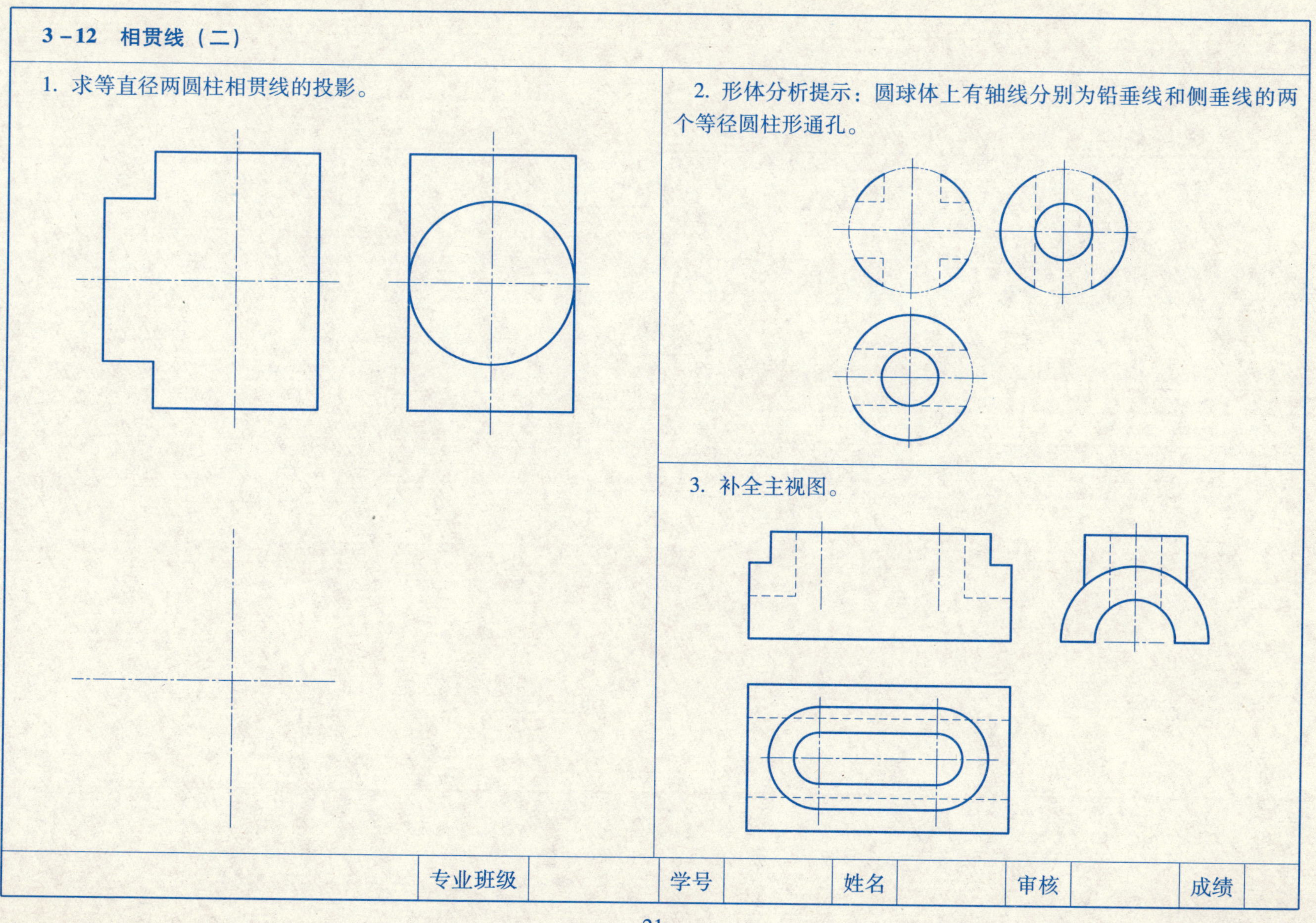

专业班级		学号		姓名		审核		成绩	

第四章　轴　测　图

4－1　根据所给投影图，画出立体的轴测图（1、2 题画正等轴测图，3、4 题画斜二测轴测图，按 1:1 量取）

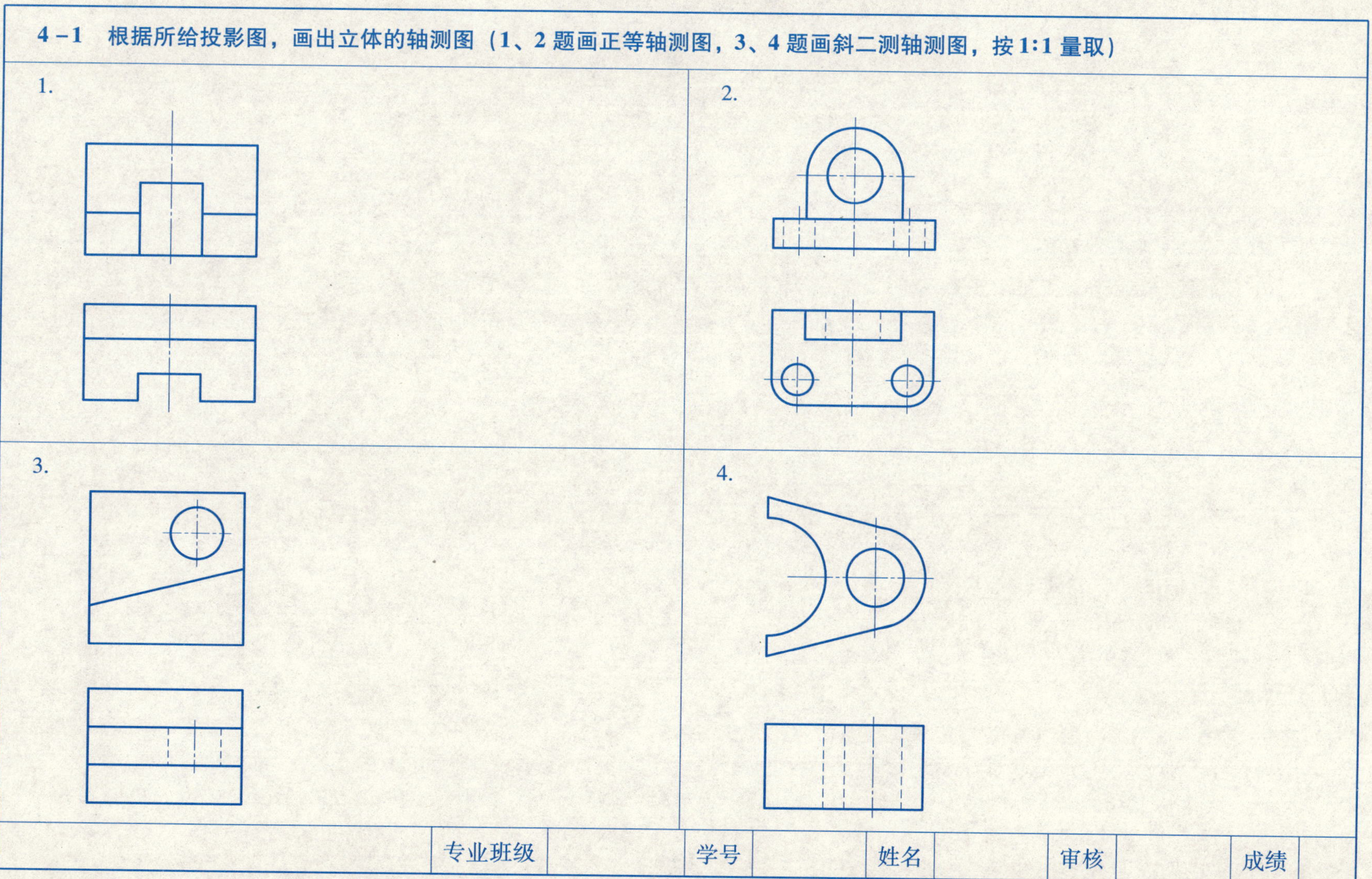

4-1 根据所给视图，画出立体的轴测图（1、2题画正等轴测图，3、4题画斜二测轴测图，按1:1量取）

1

2

3

4

专业班级		学号		姓名		成绩		审阅	

4－2 根据所给投影图，画出立体的轴测图

1. 根据二面投影图及其尺寸，画出立体的斜二测轴测图。

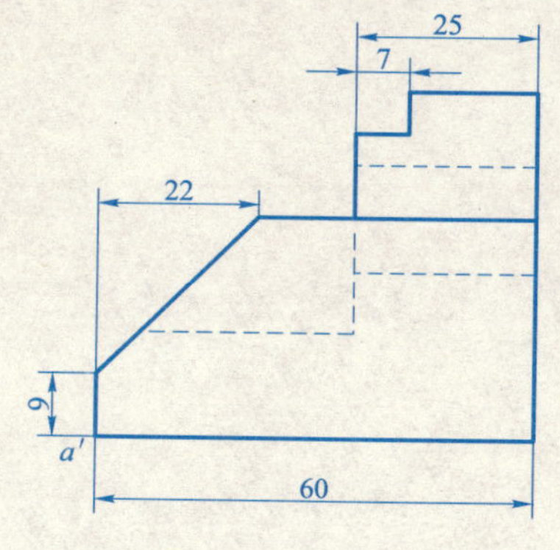

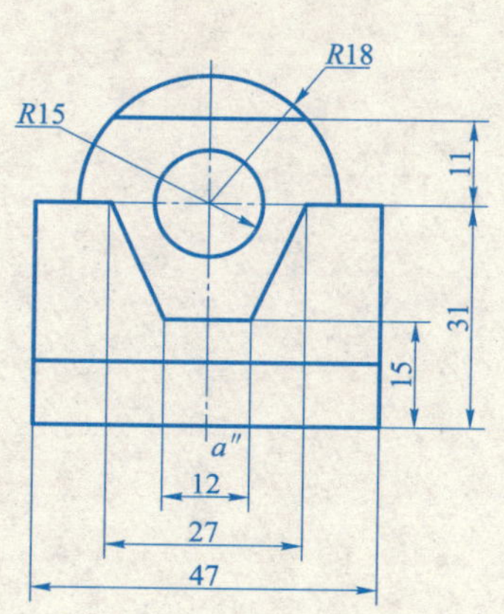

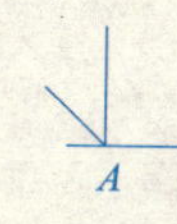

2. 根据二面投影图及其尺寸，画出立体的正等轴测图。

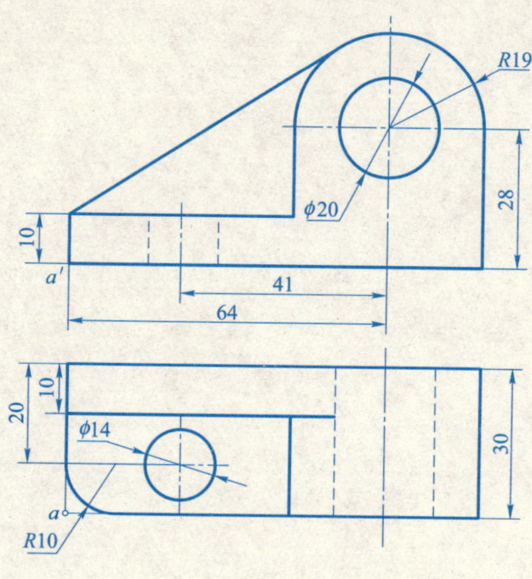

A

专业班级		学号		姓名		审核		成绩	

第五章 组 合 体

5－1 根据三视图的形成及其投影规律，补画组合体视图中所缺图线

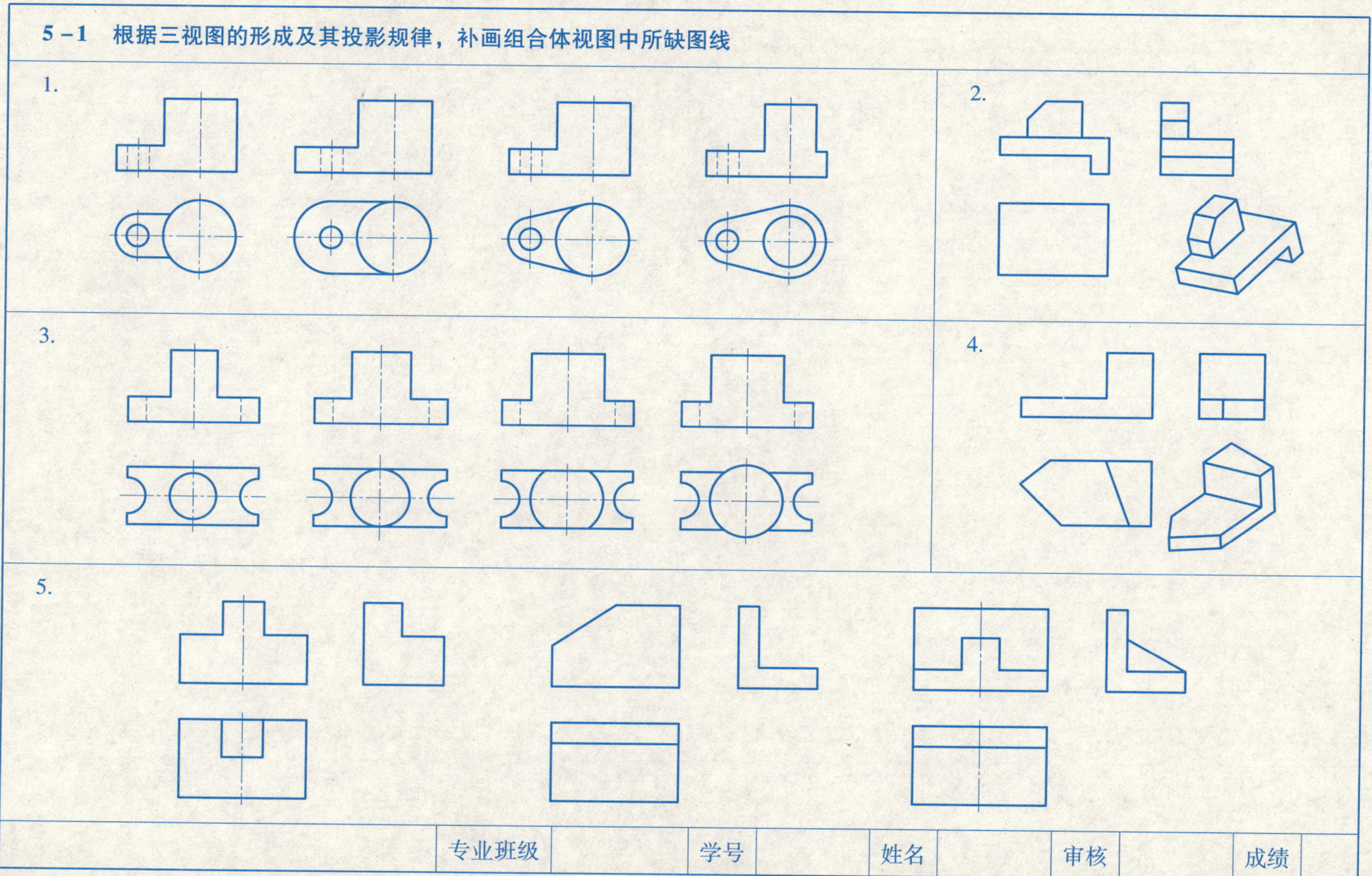

专业班级		学号		姓名		审核		成绩	

5-2 根据轴测图，画出立体的三视图（按1:1量取）

1.

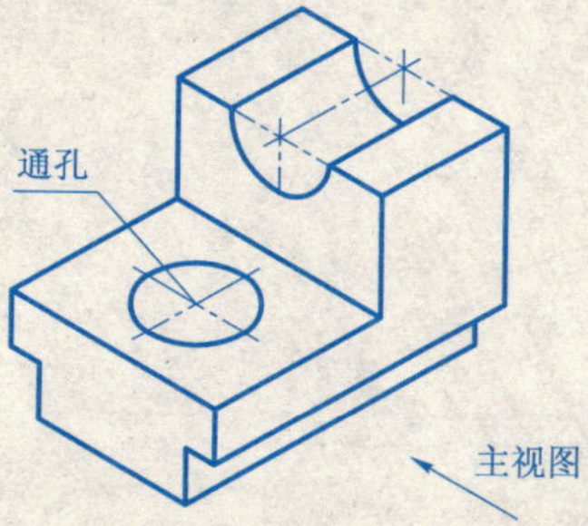

通孔

主视图

2.

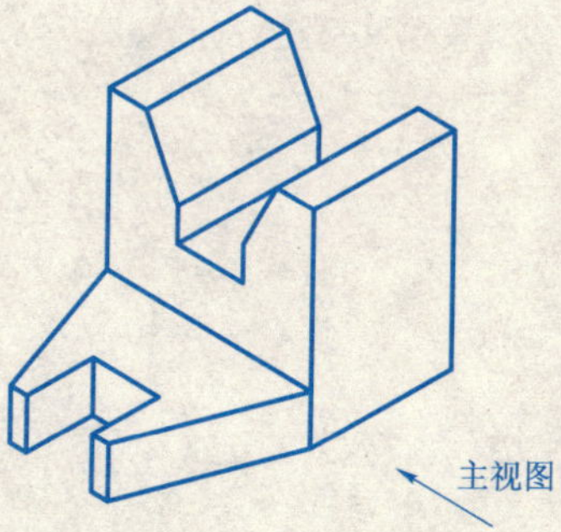

主视图

专业班级		学号		姓名		审核		成绩	

5－2　根据轴测图，画出立体的三视图（按1:1量取）（续）

3.

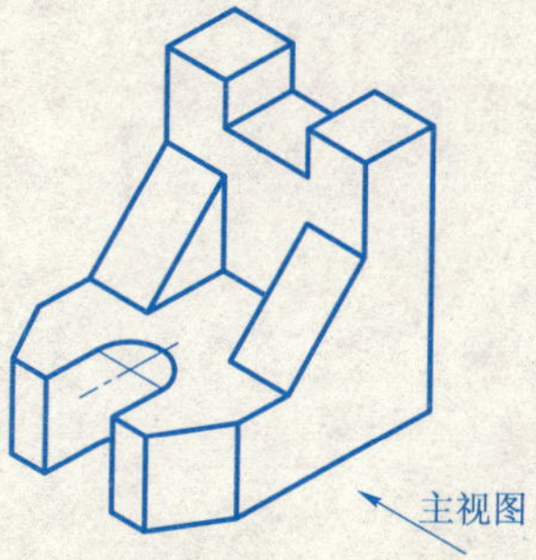

主视图

4.

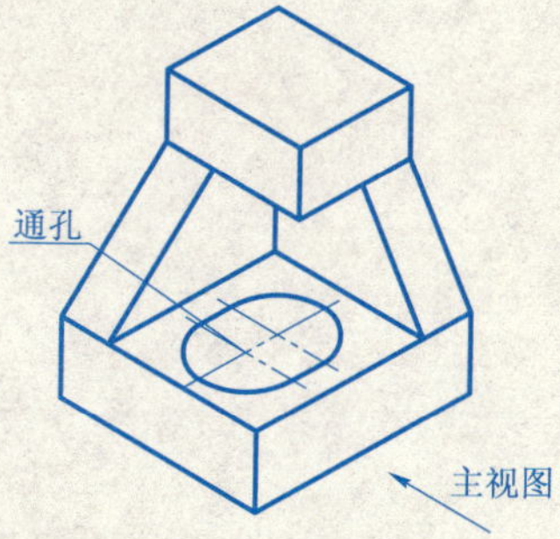

通孔

主视图

专业班级		学号		姓名		审核		成绩	

5－3 根据轴测图中所注尺寸，用 1:1 画出立体的三视图

1.

专业班级		学号		姓名		审核		成绩	

5－3　根据轴测图中所注尺寸，用1:1画出立体的三视图（续）

2.

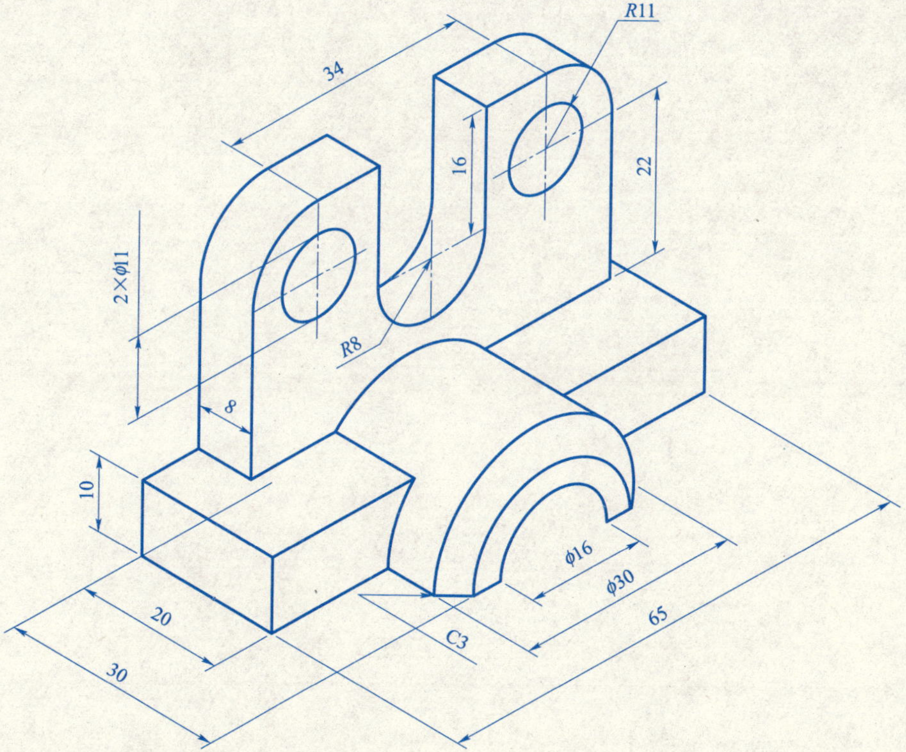

34
R11
16
22
2×ϕ11
R8
8
10
20
30
C3
ϕ16
ϕ30
65

专业班级		学号		姓名		审核		成绩	

5－4 补全三视图中所缺漏的尺寸（尺寸数值从图中按比例1:1量取，并取整数）

1.

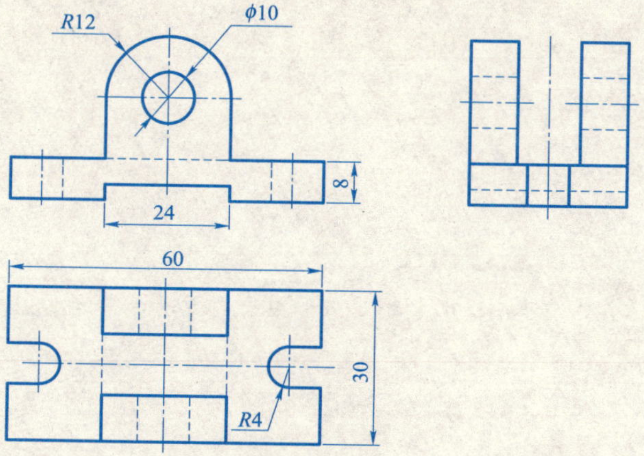

R12　φ10　8　24　60　30　R4

2.

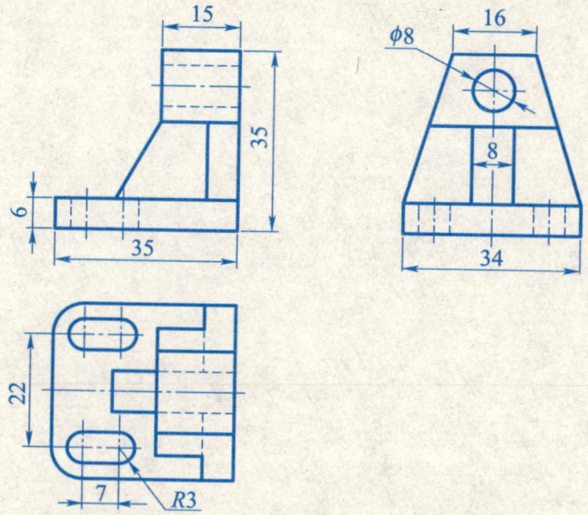

15　35　6　35　φ8　16　8　34　22　7　R3

3.

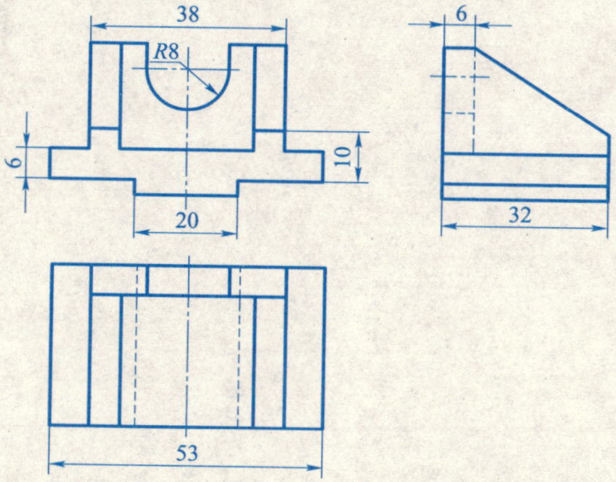

38　R8　6　10　20　6　32　53

4.

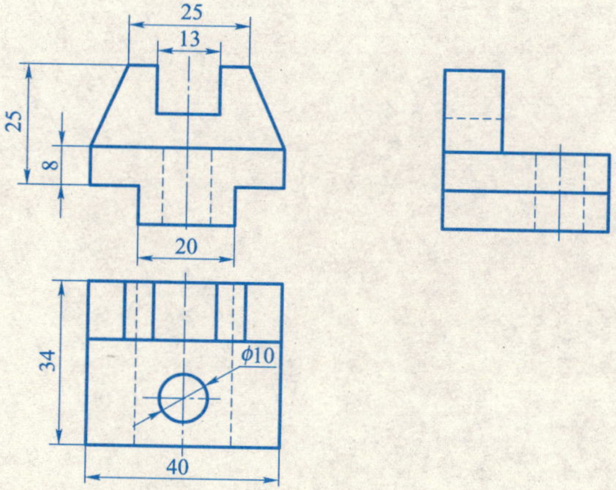

25　13　25　8　20　34　φ10　40

专业班级		学号		姓名		审核		成绩	

5－5　已知物体的三视图，按 1:1 在图中量取并标注尺寸

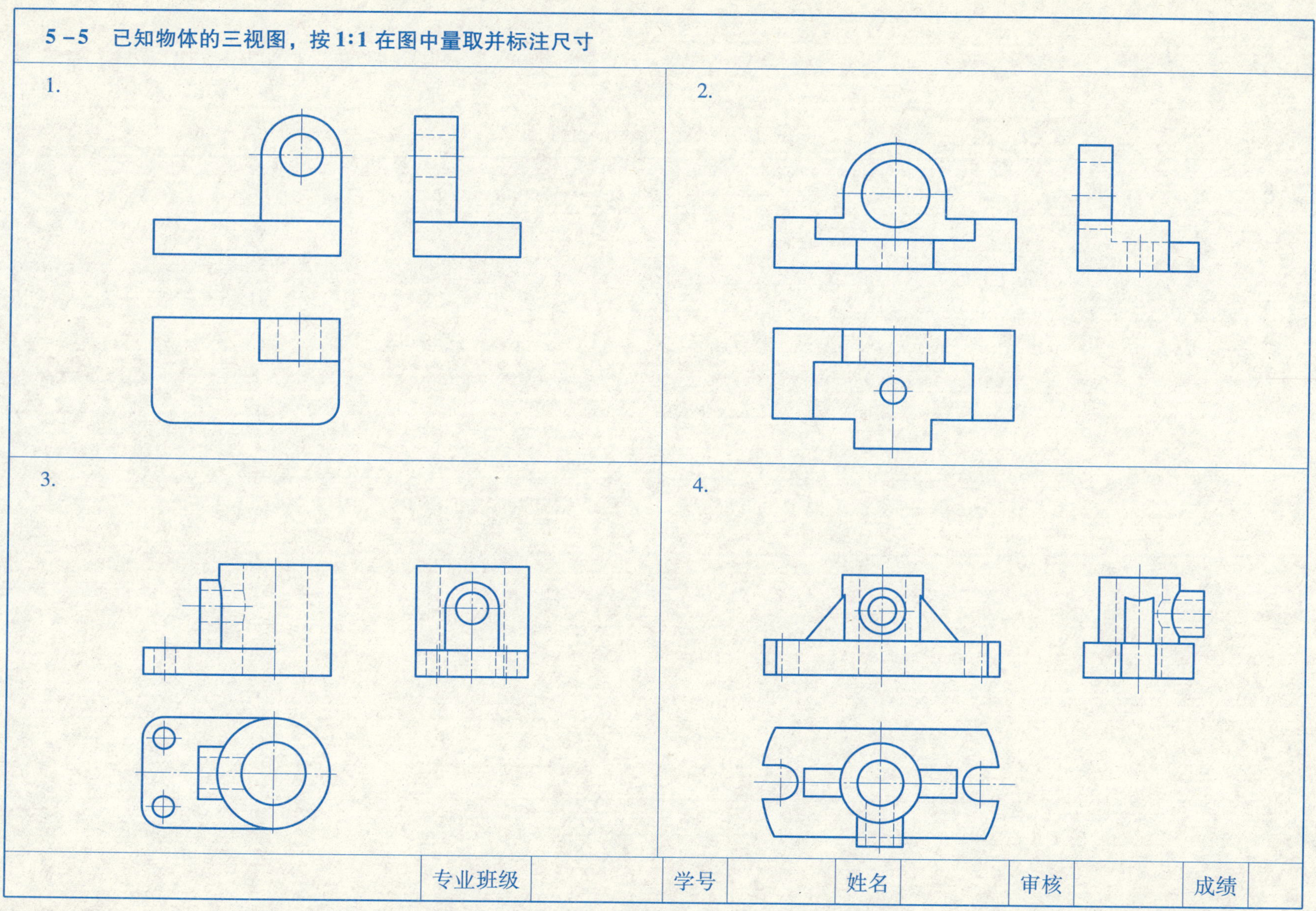

专业班级		学号		姓名		审核		成绩	

5-6　根据所给的两面投影，分析立体形状，补画出立体的第三面投影

1.

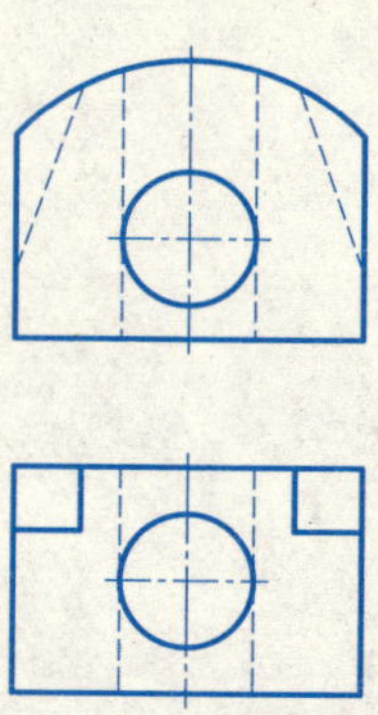

2.

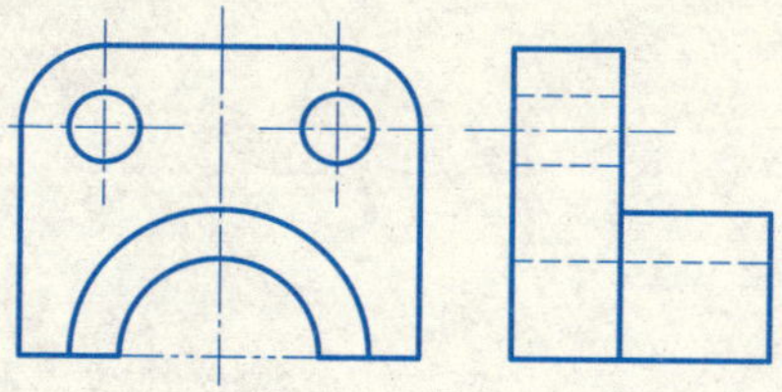

3.

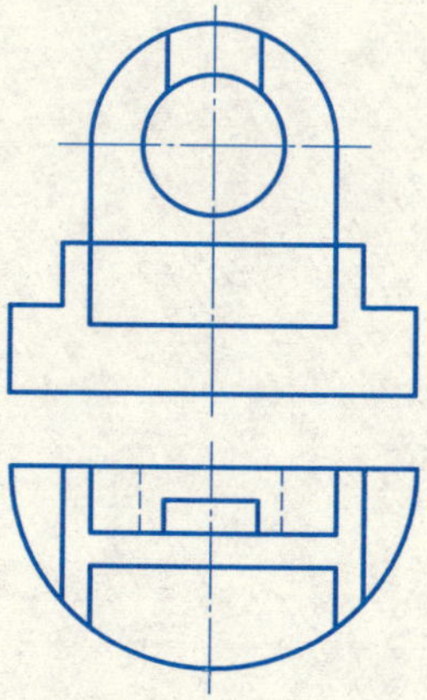

4.

专业班级		学号		姓名		审核		成绩	

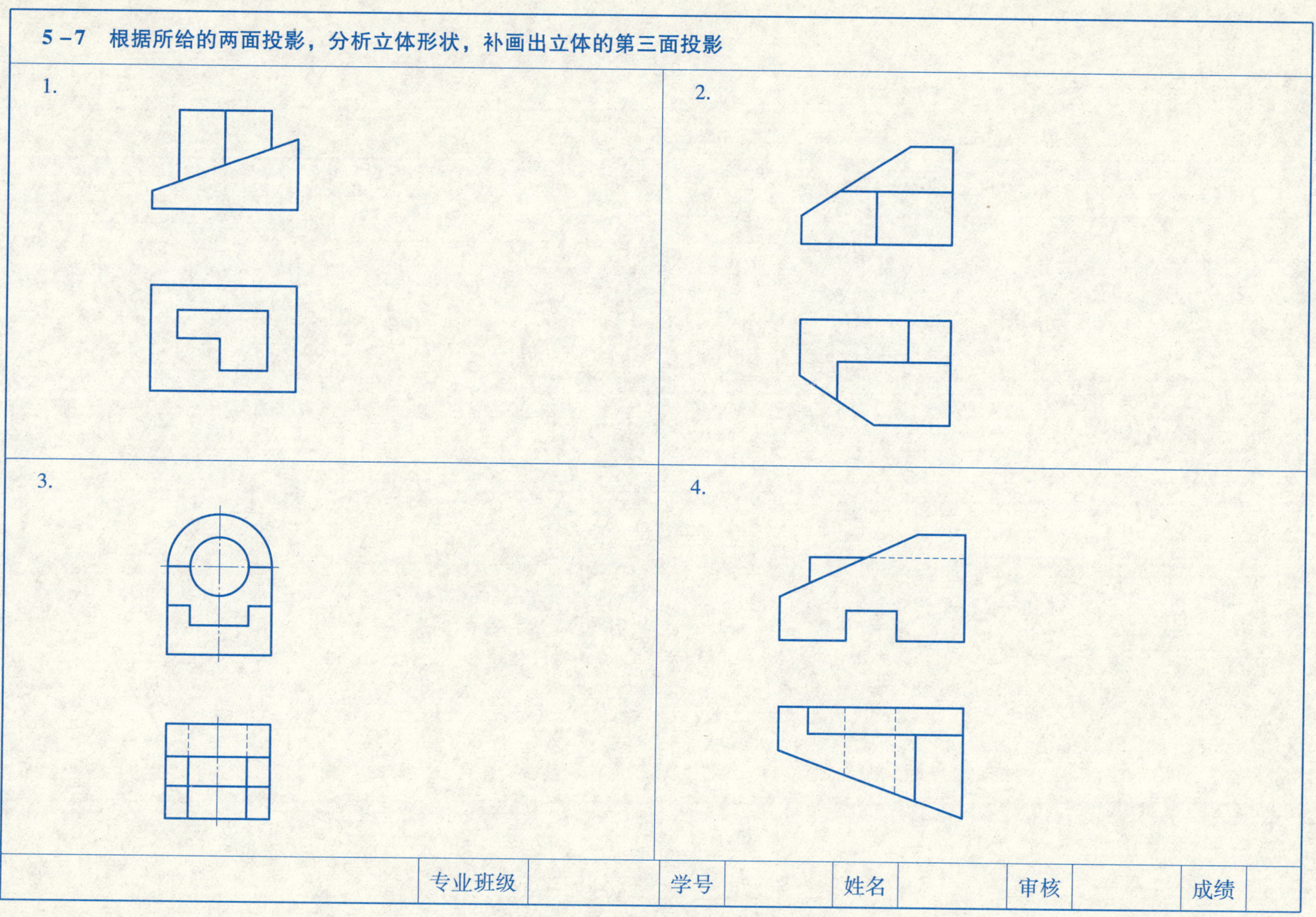
5－7　根据所给的两面投影，分析立体形状，补画出立体的第三面投影
1.
2.
3.
4.
专业班级
学号
姓名
审核
成绩

5-8 组合体构型练习

1. 根据主视图，构想三个不同形状的组合体，画出其俯视图和左视图

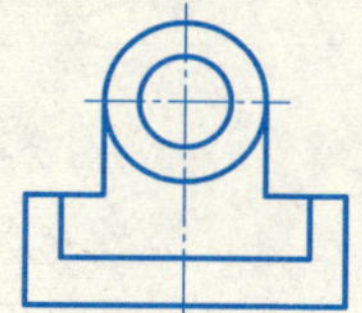
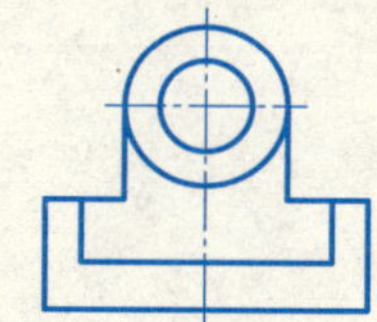
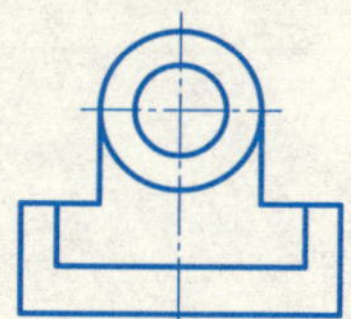

2. 根据俯视图，构想四个不同的组合体，使补出后的主视图包含圆柱、圆锥、圆球。

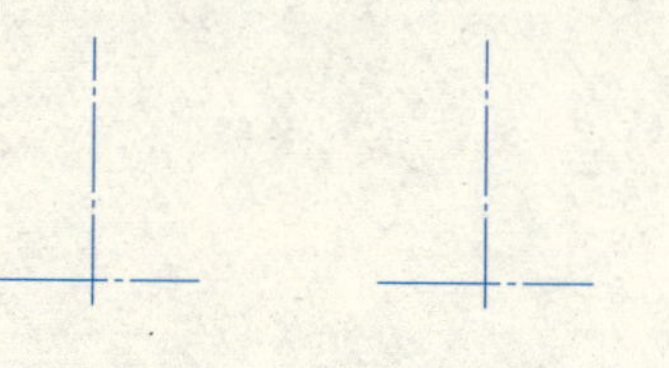

3. 由物体的主、俯视图，补画左视图（有多种答案，任画三种）

专业班级		学号		姓名		审核		成绩	

第六章　机件的表达方法

6－1　基本视图、向视图、局部视图和斜视图

1. 根据主、俯、左视图，画出其余三个基本视图。

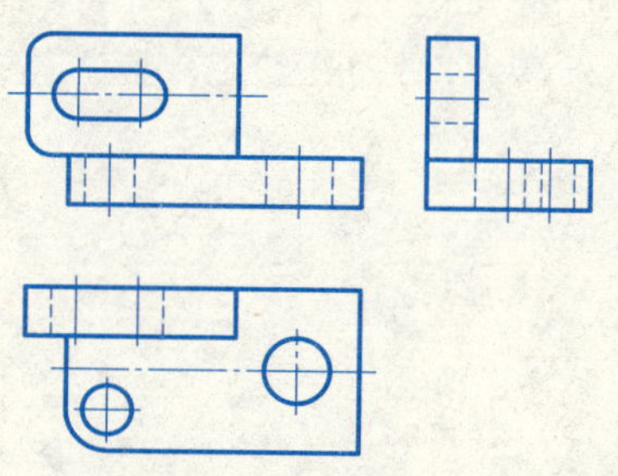

专业班级		学号		姓名		审核		成绩	

6－1　基本视图、向视图、局部视图和斜视图（续）

2. 根据主、俯视图，画出左视图，并在指定位置作出向视图。

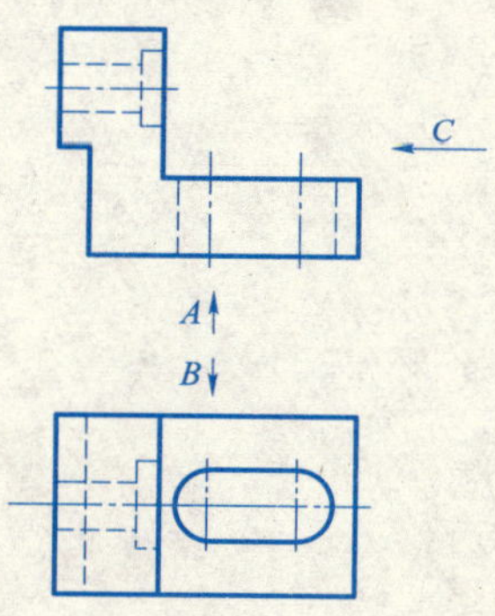

专业班级		学号		姓名		审核		成绩	

6-1　基本视图、向视图、局部视图和斜视图（续）

3. 画出 *A* 向斜视图和 *B* 向局部视图。

4. 作 *A* 向斜视图（右端安装板圆角半径为 2.5 mm）。

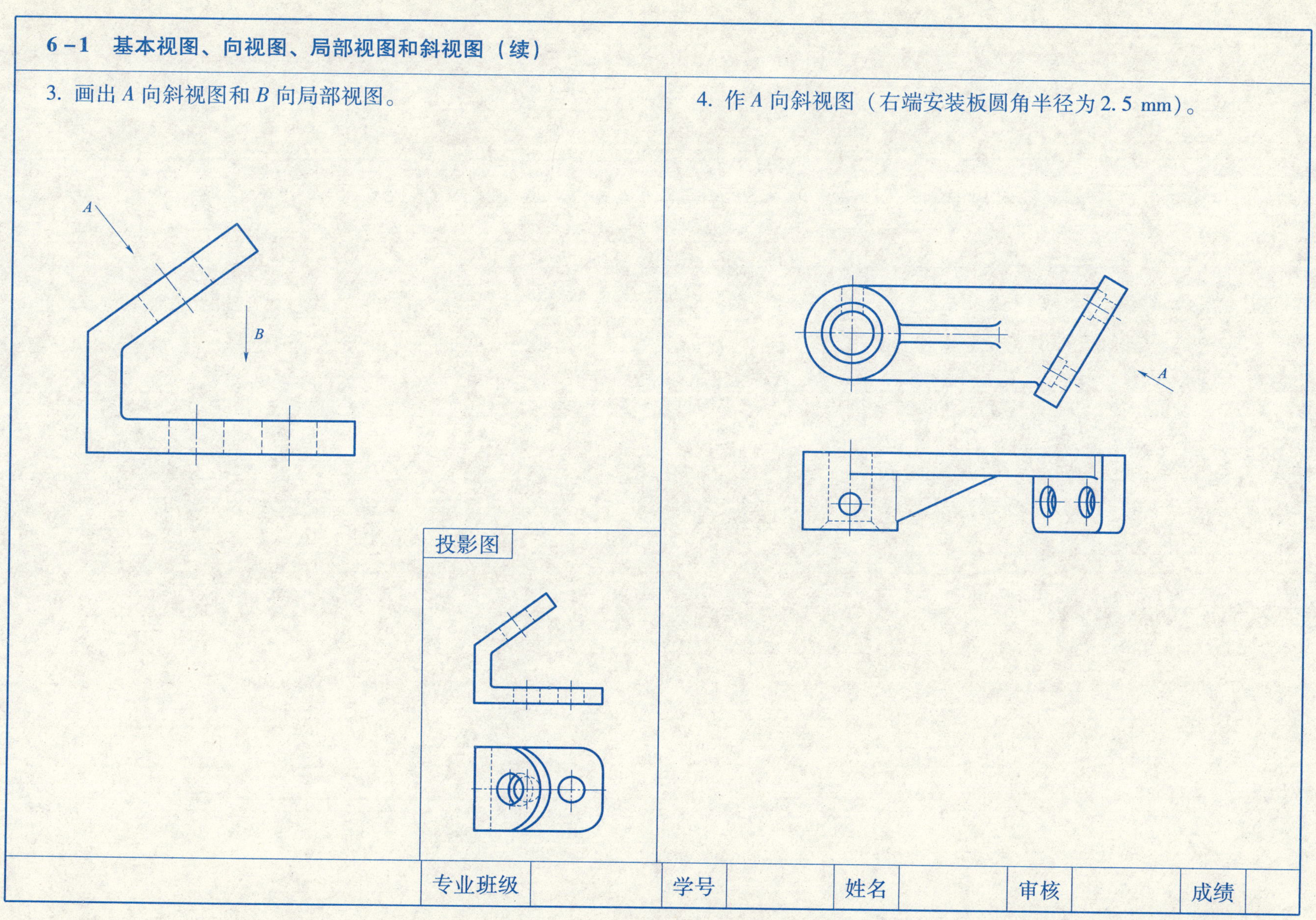

专业班级		学号		姓名		审核		成绩	

6-2 剖视图的基本概念

1. 根据所给主视图和俯视图，找出对应的左视图，并将其选项填入括号内。

2. 看懂所给视图，分析立体的内外形状，根据剖视图画法规定，补画出剖视图中漏画的图线。

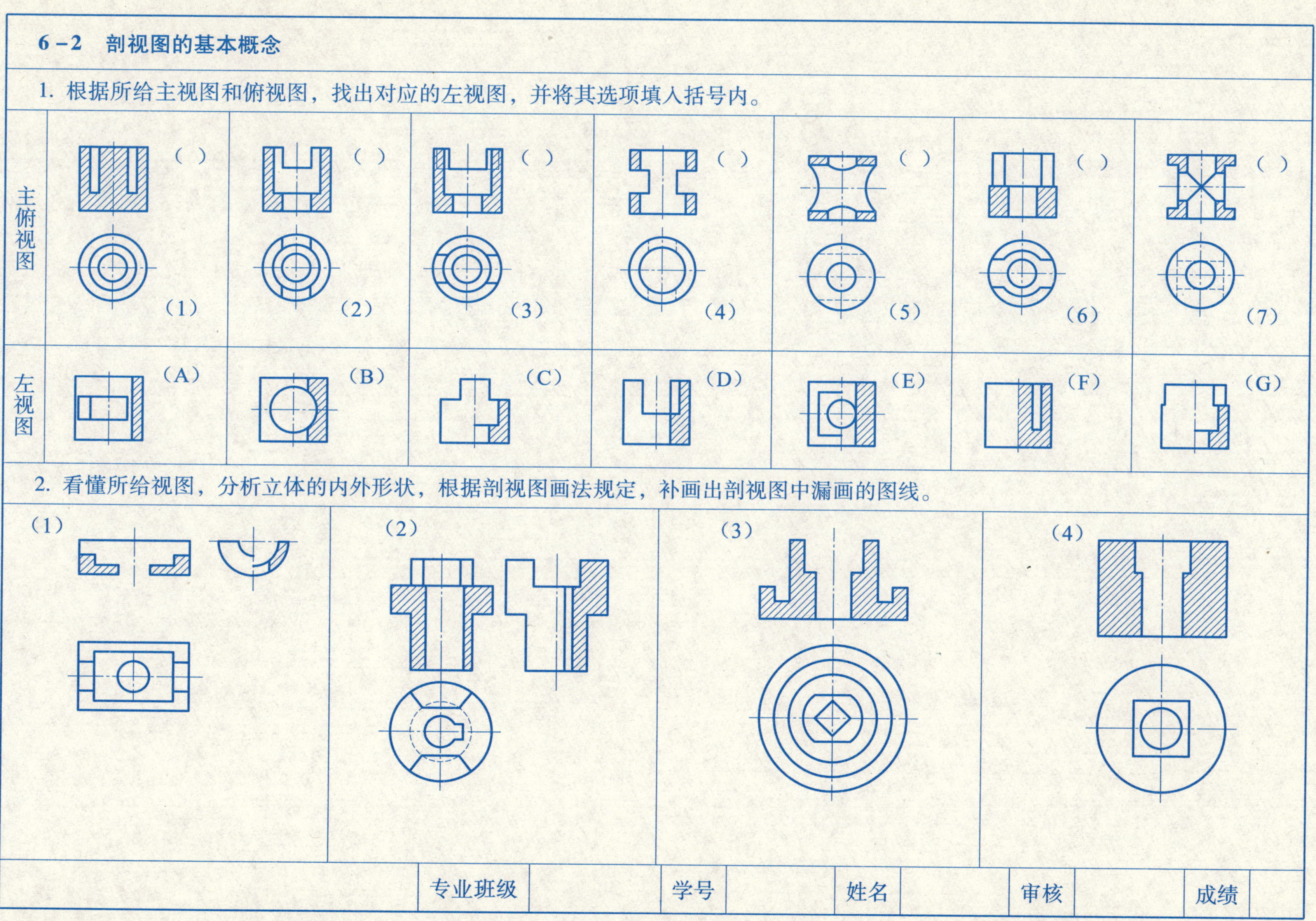

专业班级		学号		姓名		审核		成绩	

6－3　全剖视图、半剖视图

1. 根据所给视图，在指定位置将主视图画成全剖视图。

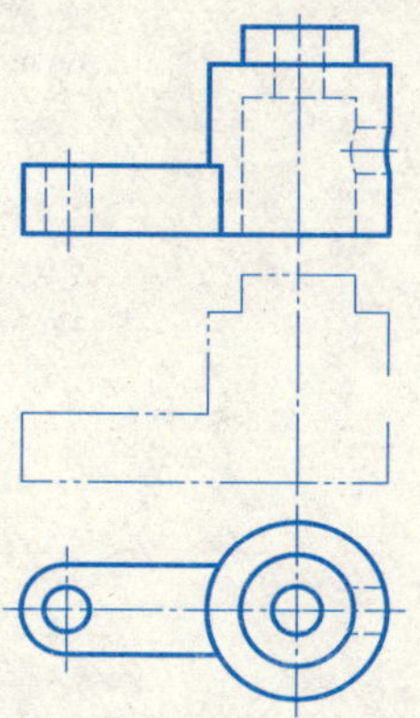

2. 根据所给视图，在指定位置将主视图画成全剖视图。

3. 根据所给视图，在指定位置将主视图画成全剖视图。

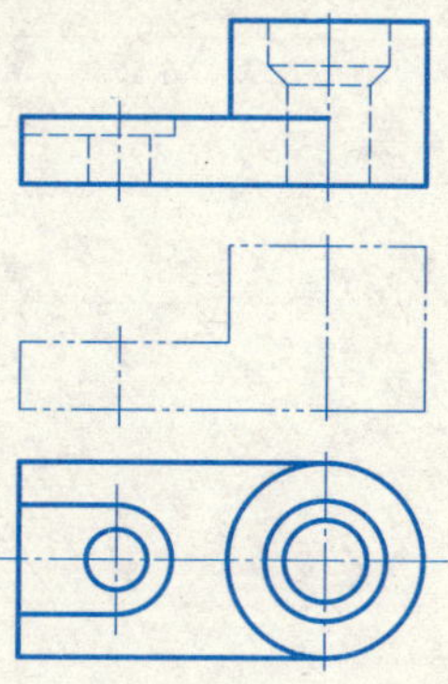

4. 作出全剖的左视图。

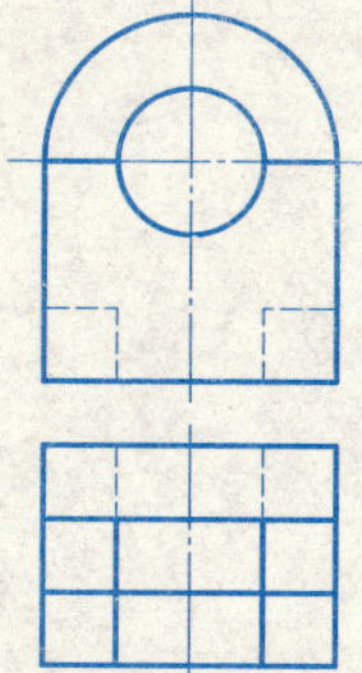

5. 选用适当的剖视画出左视图。

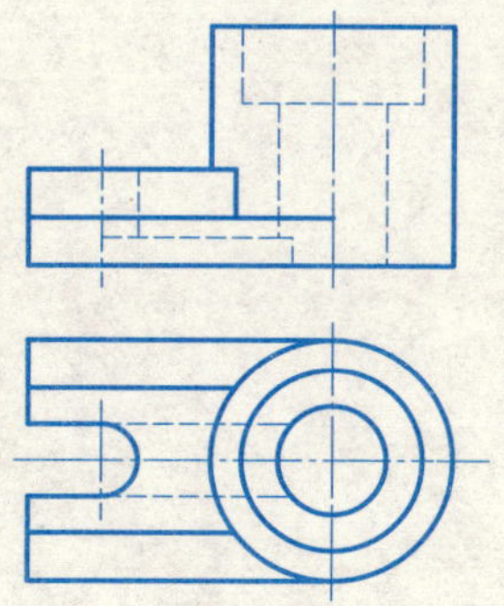

6. 求作半剖的左视图。

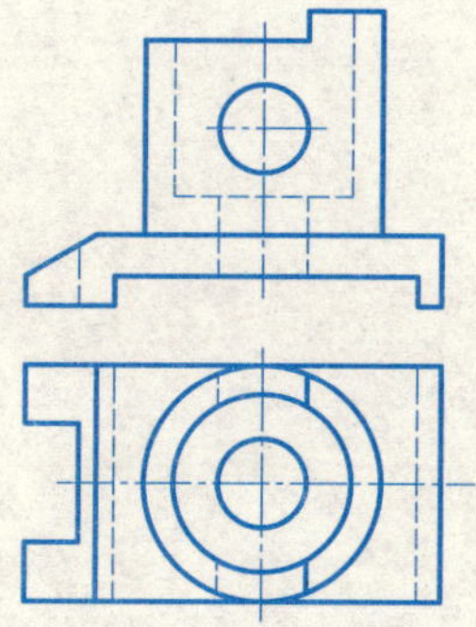

专业班级		学号		姓名		审核		成绩	

6－4 局部剖视图及剖视图综合应用

1. 在指定的位置将错误的局部剖视图改正。

2. 在指定的位置将主、俯视图改画成适当的局部剖视图。

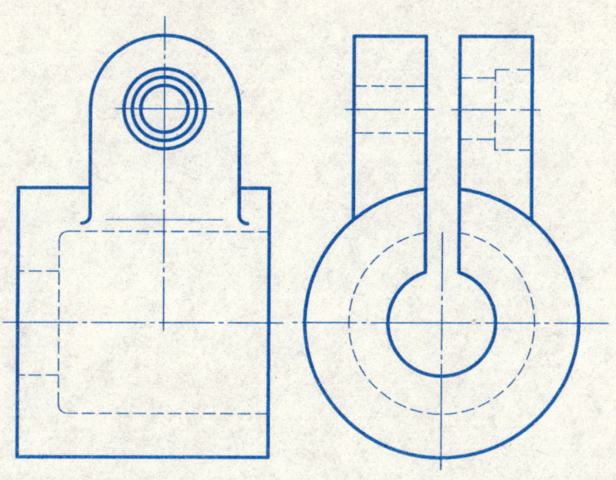

3. 根据主俯两视图判别哪个 $A-A$ 剖视图是正确的（正确的打"✓"）。

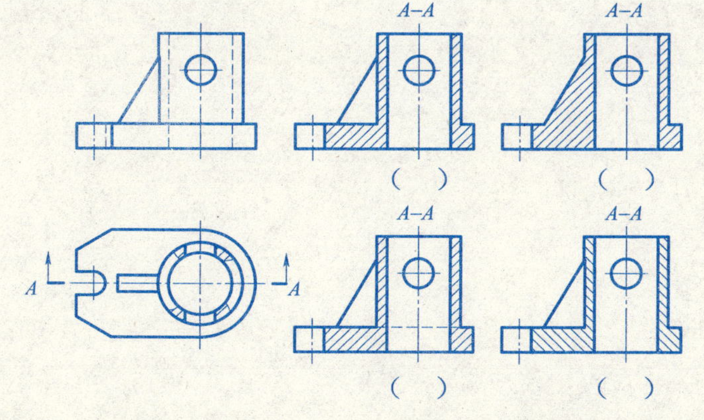

4. 根据主俯两视图判别哪个左视图是正确的（正确的打"✓"）。

	专业班级		学号		姓名		审核		成绩	

6－5　断面图及表达方法的综合应用

1. 画出轴上指定位置的断面图（A 处键槽深 3.5 mm，B 处键槽深 3 mm，平面符号处为前后对称的平面）。

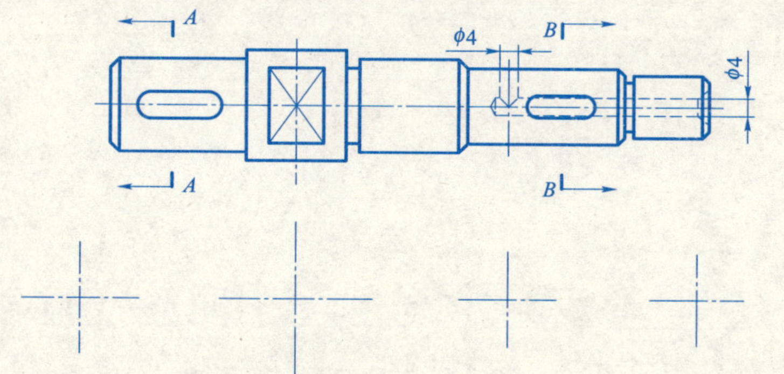

2. 画出工字型斜支承板的断面图。

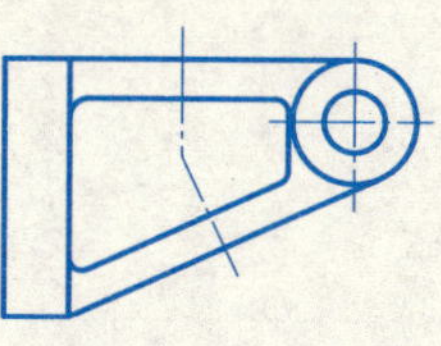

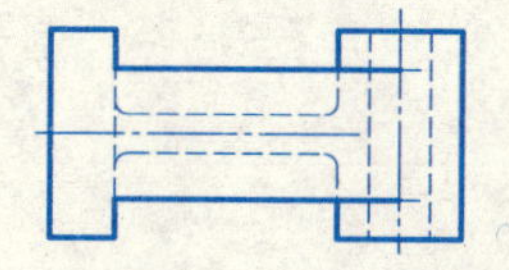

3. 画出肋板的重合断面图。

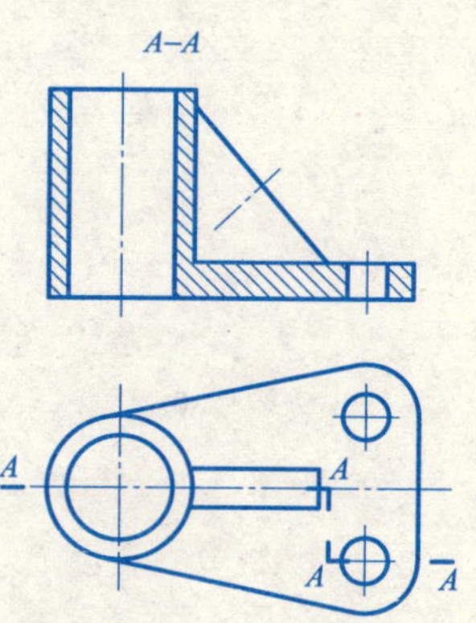

4. $E-E$ 半剖视图的正确画法与标注是（　）。

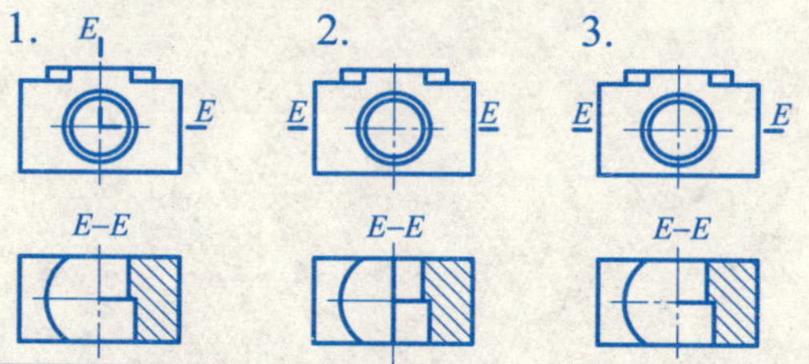

5. $E-E$ 移出断面的正确画法是（　）。

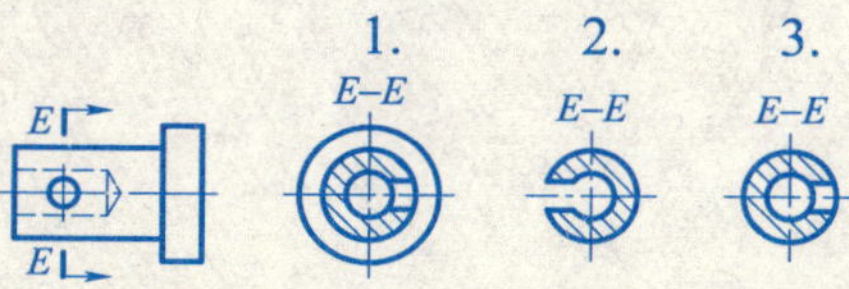

6. 根据主视图判别哪个 $A-A$ 剖视图是正确的（正确的打"✓"）。

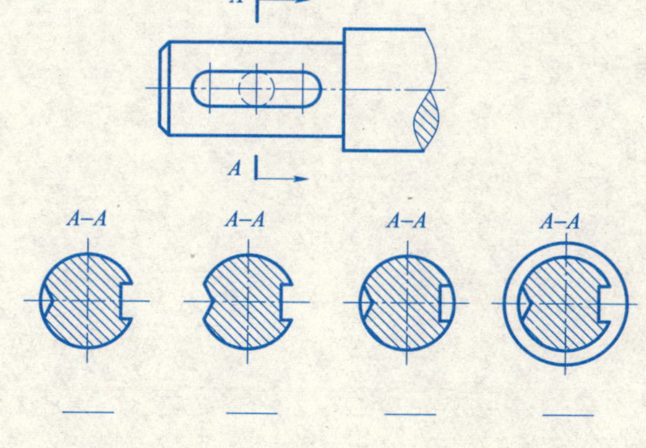

专业班级		学号		姓名		审核		成绩	

第七章　标准件与常用件

7-1　螺纹的画法和标注（一）

1. 在 ϕ20 mm 的螺杆左端，制出一段长 30 mm 的粗牙普通螺纹，中径和顶径的公差带代号均为 6g。试画出螺杆的主、左视图（螺纹小径按 0.85d 绘制），并标注。

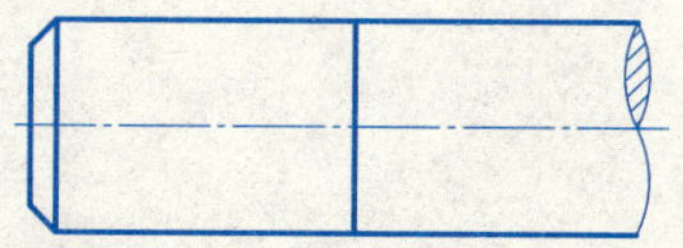

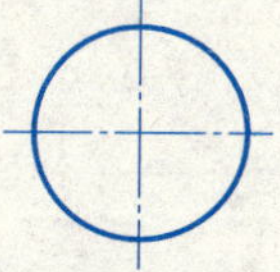

2. 在零件的左边，制出一段直径为 ϕ20 深度为 30 mm 的粗牙普通螺纹，钻孔深度为 40 mm，中径和顶径的公差带代号均为 6H。试画出螺孔的主、左视图（主视图采用全剖视图，左视图不剖，钻孔直径按 0.85d 绘制），并标注。

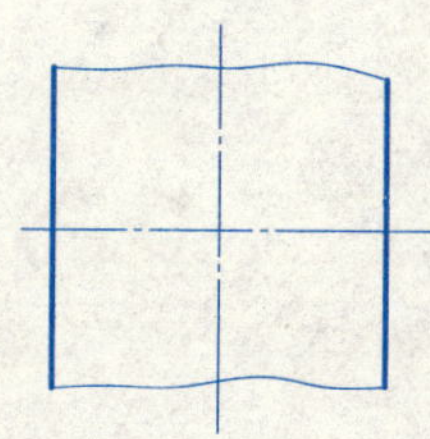

3. 将题 1、2 的螺杆和螺孔画成连接图，它们的旋合长度为 20 mm（主视图采用全剖视图，左视图采用断面图）。

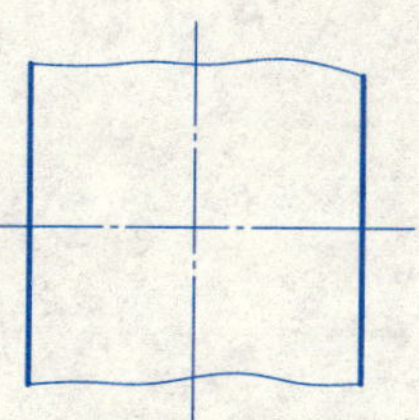

	专业班级		学号		姓名		审核		成绩	

4. 在下例图中标注螺纹的规定代号。

（1）粗牙普通螺纹，大径为 20 mm，右旋，螺距为 2.5，中、顶径公差带代号分别为 5g、6g，中等旋合长度。

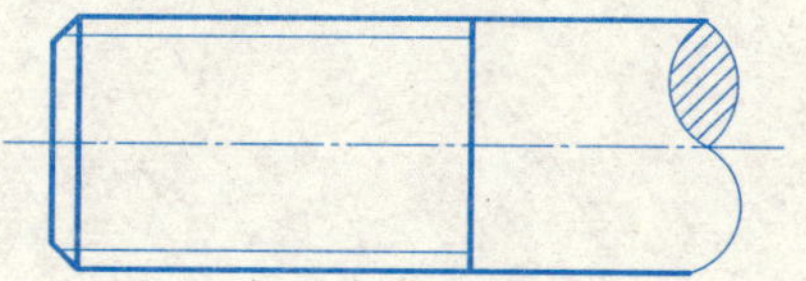

（2）梯形螺纹，大径为 32 mm，导程 12 mm，双线，左旋，中径公差带代号为 7e，短旋合长度。

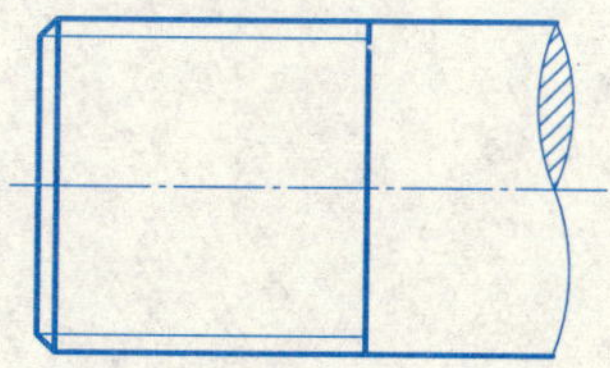

（3）细牙普通螺纹，大径为 16 mm，左旋，螺距为 1.5，中、顶径公差带代号相同，外螺纹为 5f，内螺纹为 7H。

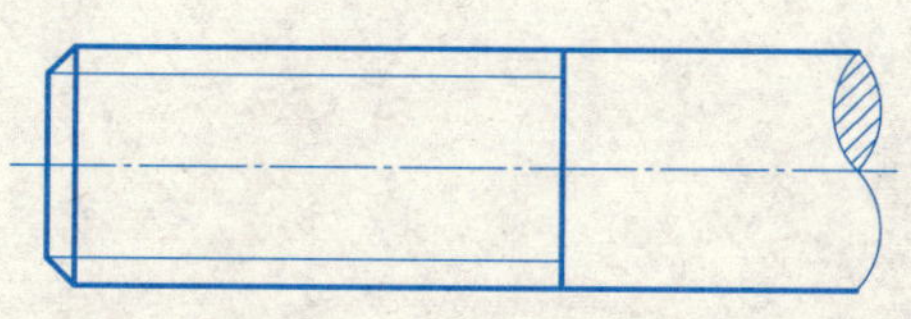

（4）锯齿形螺纹，大径 25 mm，螺距 5 mm，右旋。

（5）密封圆柱管螺纹，尺寸代号 1/2，右旋。

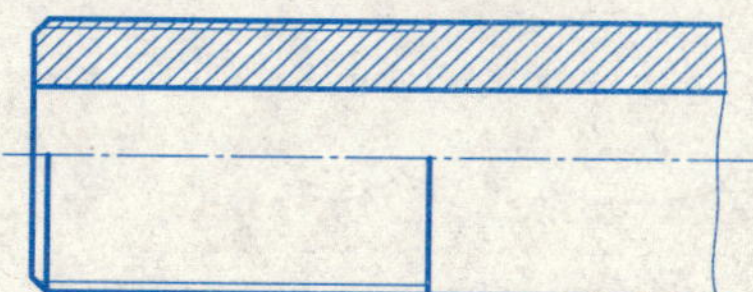

专业班级		学号		姓名		审核		成绩	

7-2 螺纹的画法和标注（二）

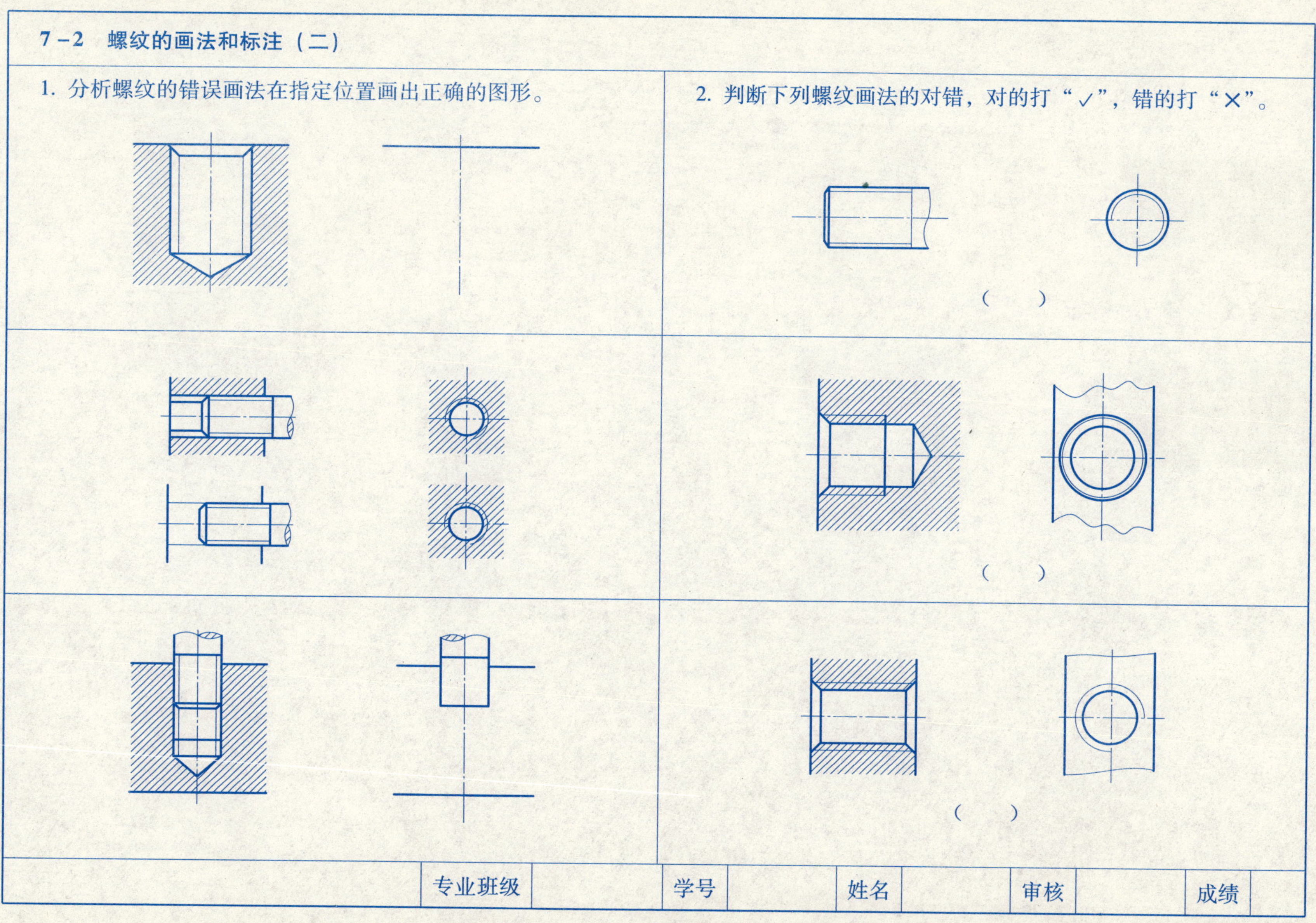

7-3 螺纹连接件及其画法

1. 查表填写下列各紧固件的尺寸。

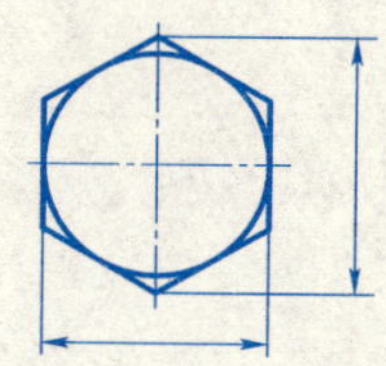

双头螺柱：螺柱 GB/T 898—2000 M16×60。

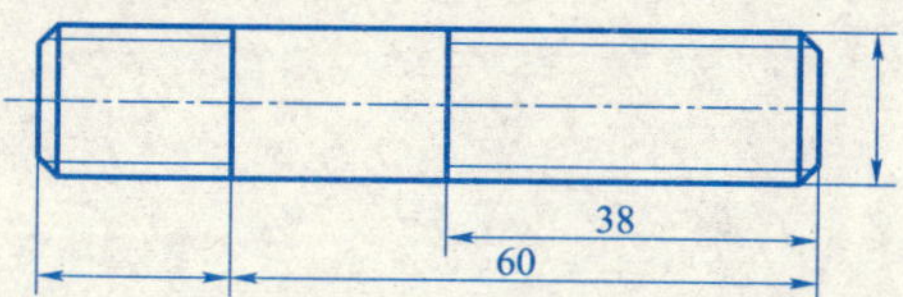

2. 根据所注规格尺寸，查表写出各紧固件的规定标记。

（1）A 级的 I 型六角螺母。　　（2）A 级的平垫圈。

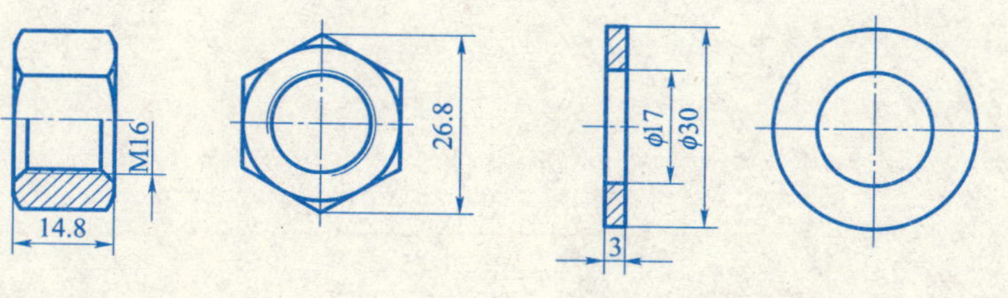

______　　______

3. 已知螺栓 GB/T 5783 M16×50，螺母 GB/T 6170 M16，垫圈 GB/T 97.1 16，试查表后用简化画法画出螺栓连接图。

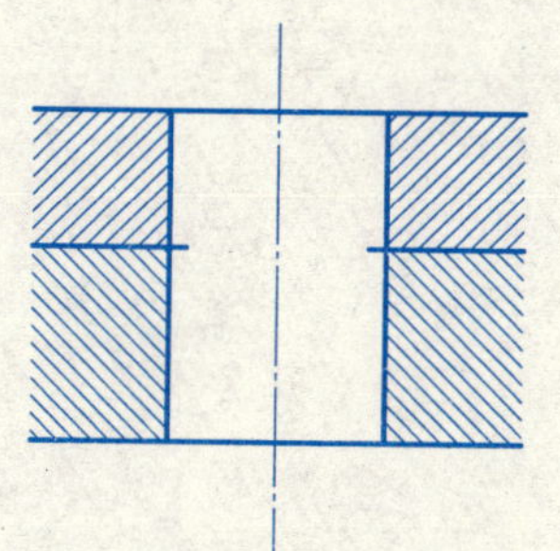

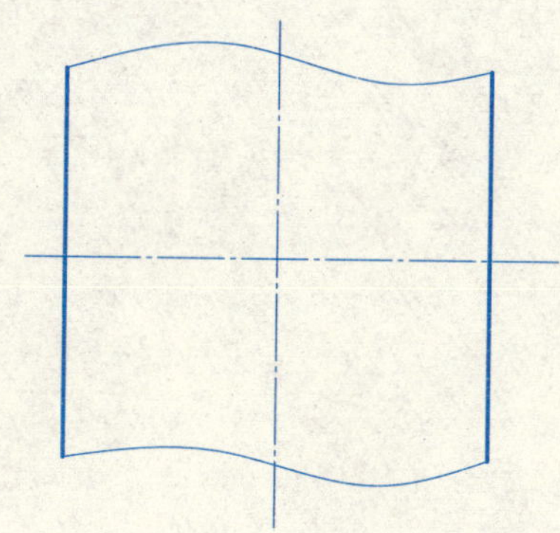

专业班级		学号		姓名		审核		成绩	

7-3 螺纹连接件及其画法（续）

4. 已知双头螺柱 GB/T 897 M16 座 40，垫圈 GB/T 93 16，试查表后用简化画法补全双头螺柱连接图。

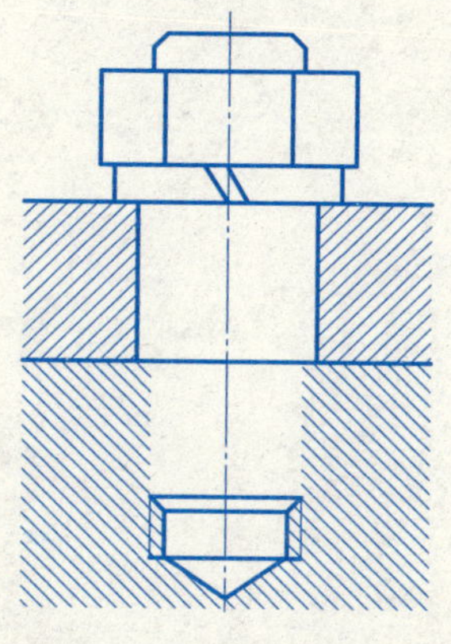

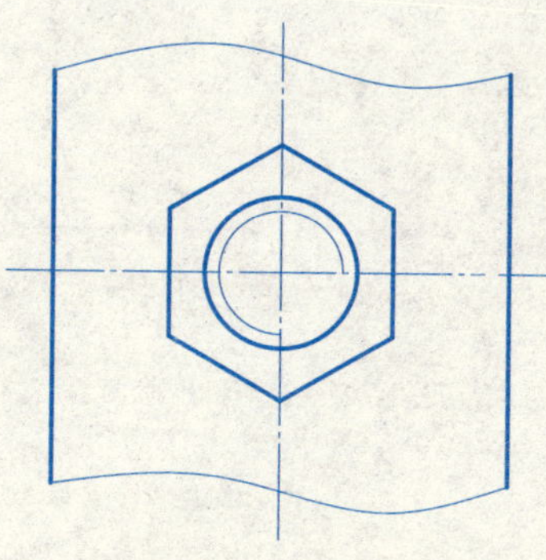

5. 已知螺钉 GB/T 68 M10×30，试查表后用简化画法补全螺钉连接图。

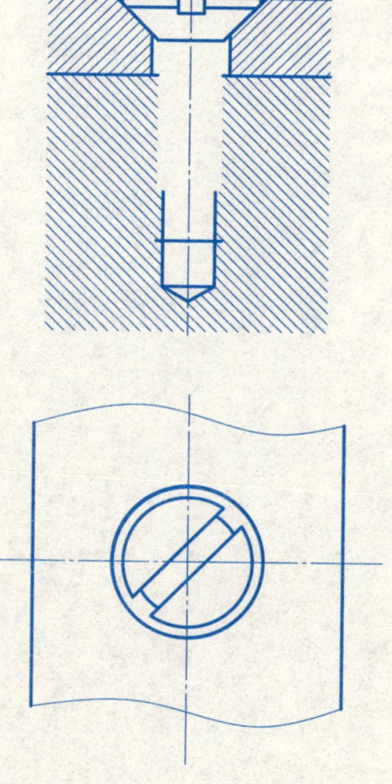

专业班级		学号		姓名		审核		成绩	

7－4 螺纹紧固件的连接画法

1. 已知螺柱 GB/T 898—1988 M16×40，螺母 GB/T 6170—2000 M16，垫圈 GB/T 97.1—2002 16，用近似画法作出连接后的主、俯视图（1:1）。

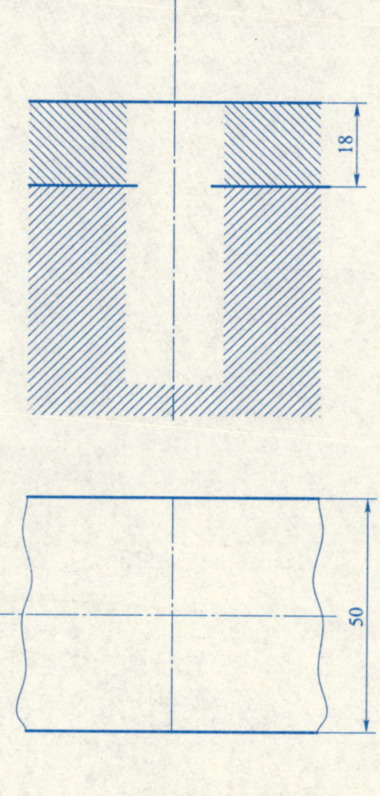

2. 已知螺栓 GB/T 5780—2000 M16×80，螺母 GB/T 6170—2000 M16，垫圈 GB/T 97.1—2002 16，用近似画法作出连接后的主、俯视图和左视图，（1:1）。

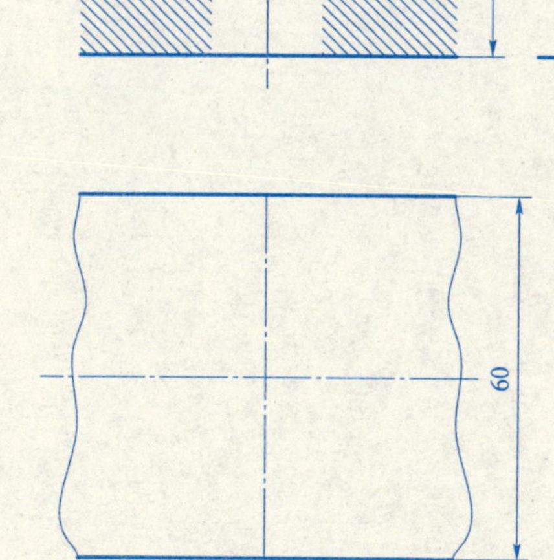

专业班级		学号		姓名		审核		成绩	

7－5　键、销的画法

1. 带轮和轴用普通平键（A 型）连接，直径为 20，键的长度为 20，查表决定键槽尺寸后完成下图，并标注键槽尺寸。

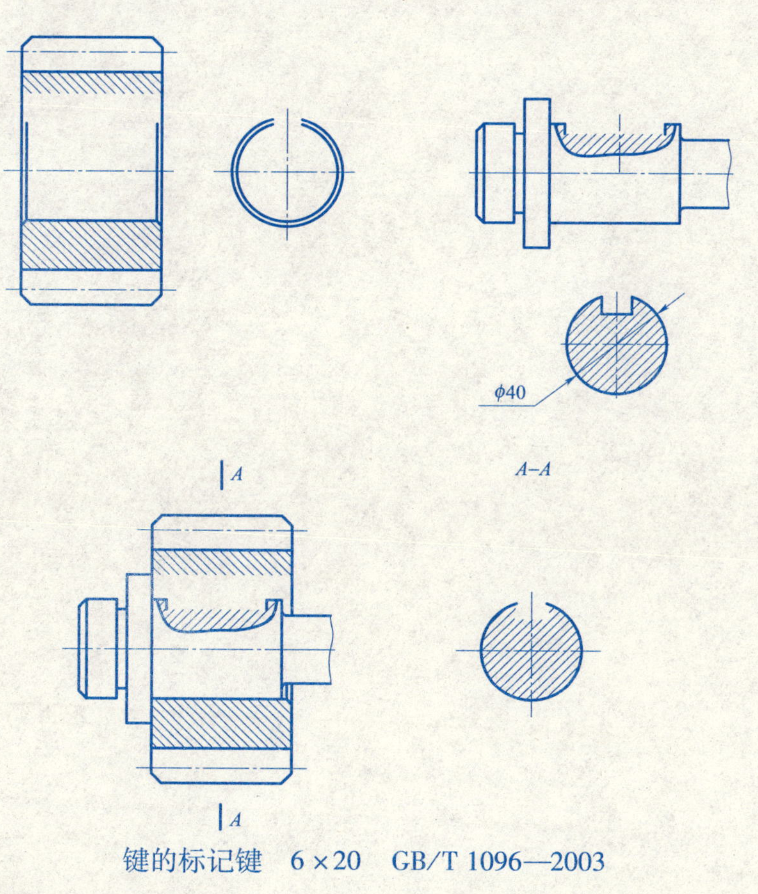

键的标记键　6×20　GB/T 1096—2003

2. 画出销连接图，并写出销的标记。

选用公称直径为 5，适当长度的 A 型锥销 GB 117—1986，补画连接图，并写出标记。

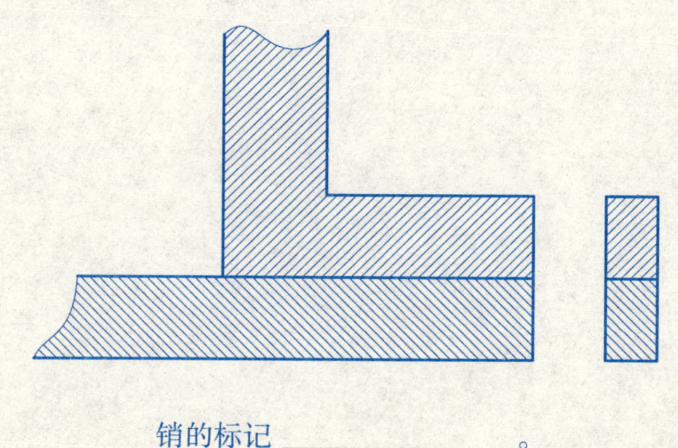

销的标记 ________________。

专业班级		学号		姓名		审核		成绩	

7-6 滚动轴承和圆柱压缩弹簧的画法

1.（1）滚动轴承 51208 GB/T 301—1995（上边用特征画法，下边用通用画法）。

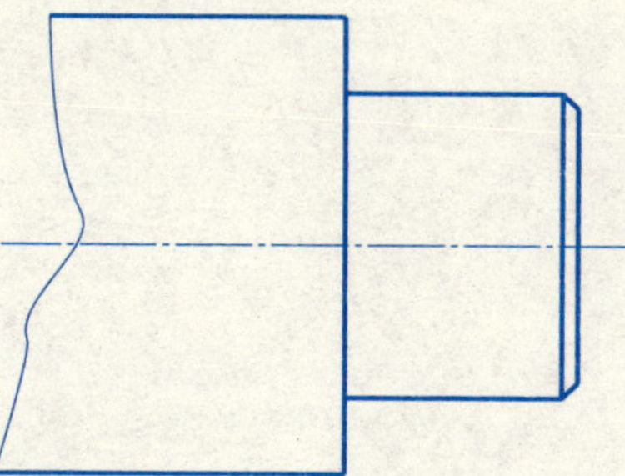

（2）滚动轴承 30306 GB/T 297—1994（上边用特征画法，下边用通用画法）。

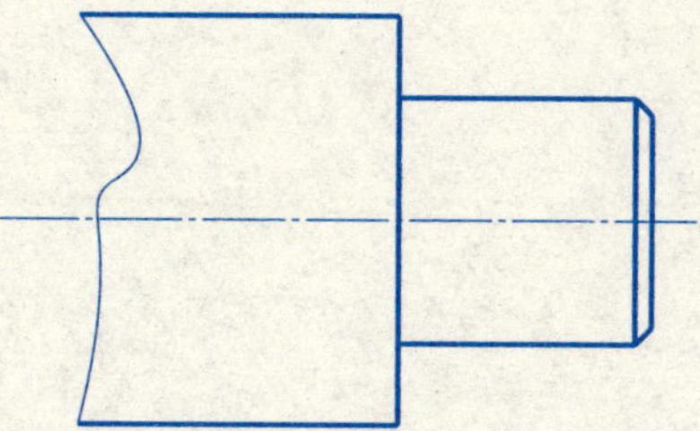

2. 已知圆柱螺旋弹簧：弹簧中径为 45 mm，弹簧材料直径为 10 mm，自由高度为 130 mm，有效圈数 n 为 7.5，支承圈数为 2.5，右旋。按 1:1 绘制弹簧的主视图（主视图全剖，轴线水平放置），并标注尺寸。

专业班级		学号		姓名		审核		成绩	

7－7　齿轮及其齿轮啮合的画法

1. 试计算如下齿轮的分度圆、齿顶圆和齿根圆的直径，并用1∶1补全该齿轮零件图，标出相应尺寸。

模数	m	2
齿数	Z	55
齿形角	α	20°

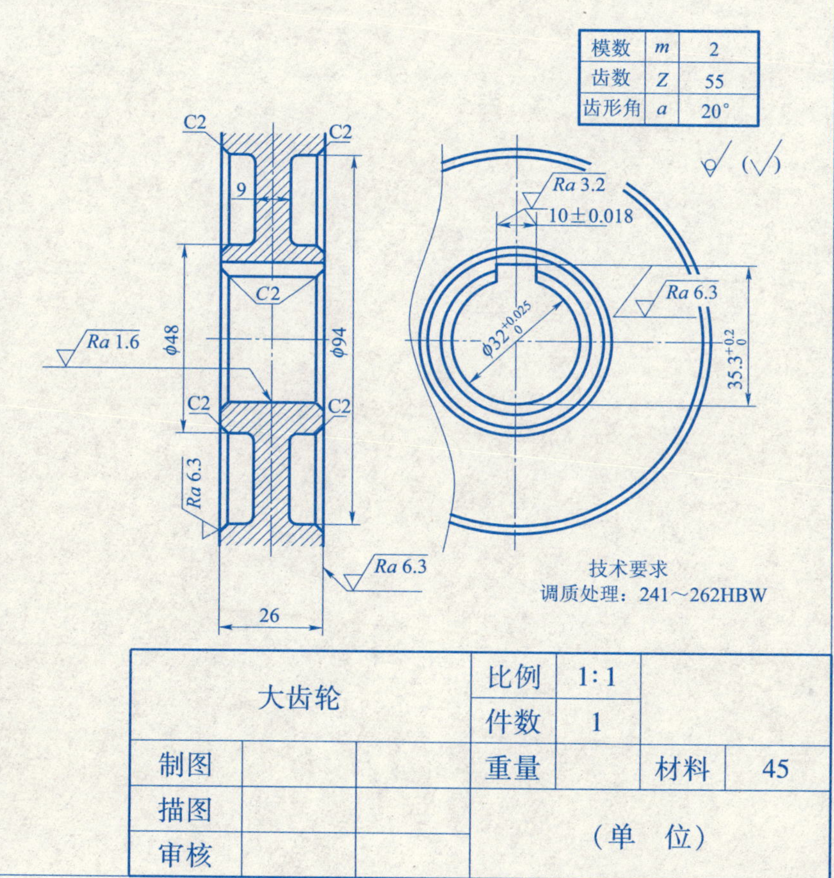

大齿轮			比例	1∶1		
			件数	1		
制图			重量		材料	45
描图			（单　位）			
审核						

2. 已知大齿轮模数 $M=4$，齿数 $Z=20$，两齿轮的中心距 $a=64$ mm，试计算大、小齿轮的分度圆、齿顶圆、齿根圆的直径几传动比。用1∶1完成直齿圆柱齿轮的啮合图。

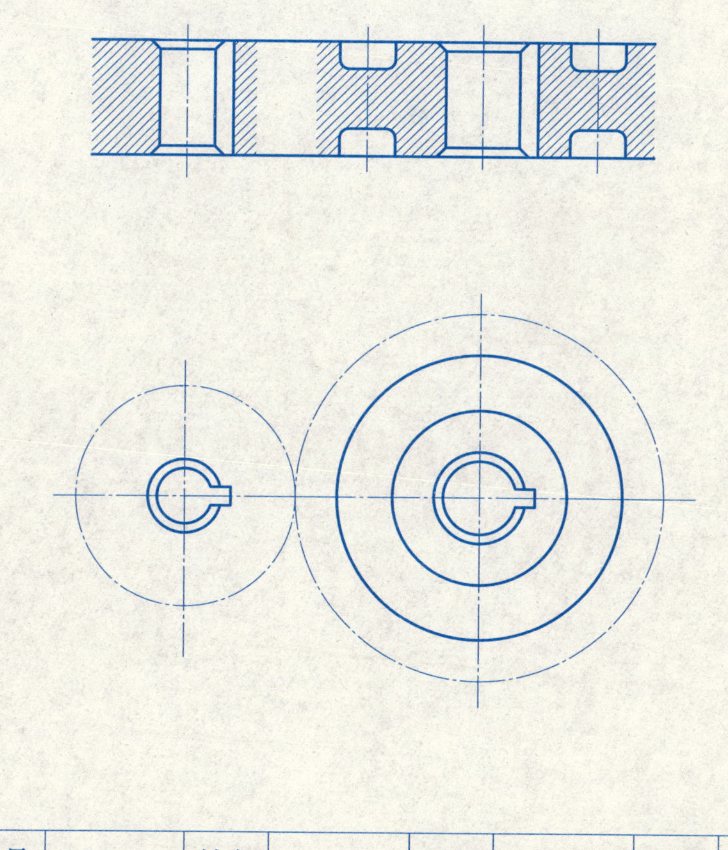

专业班级		学号		姓名		审核		成绩	

第八章　零　件　图

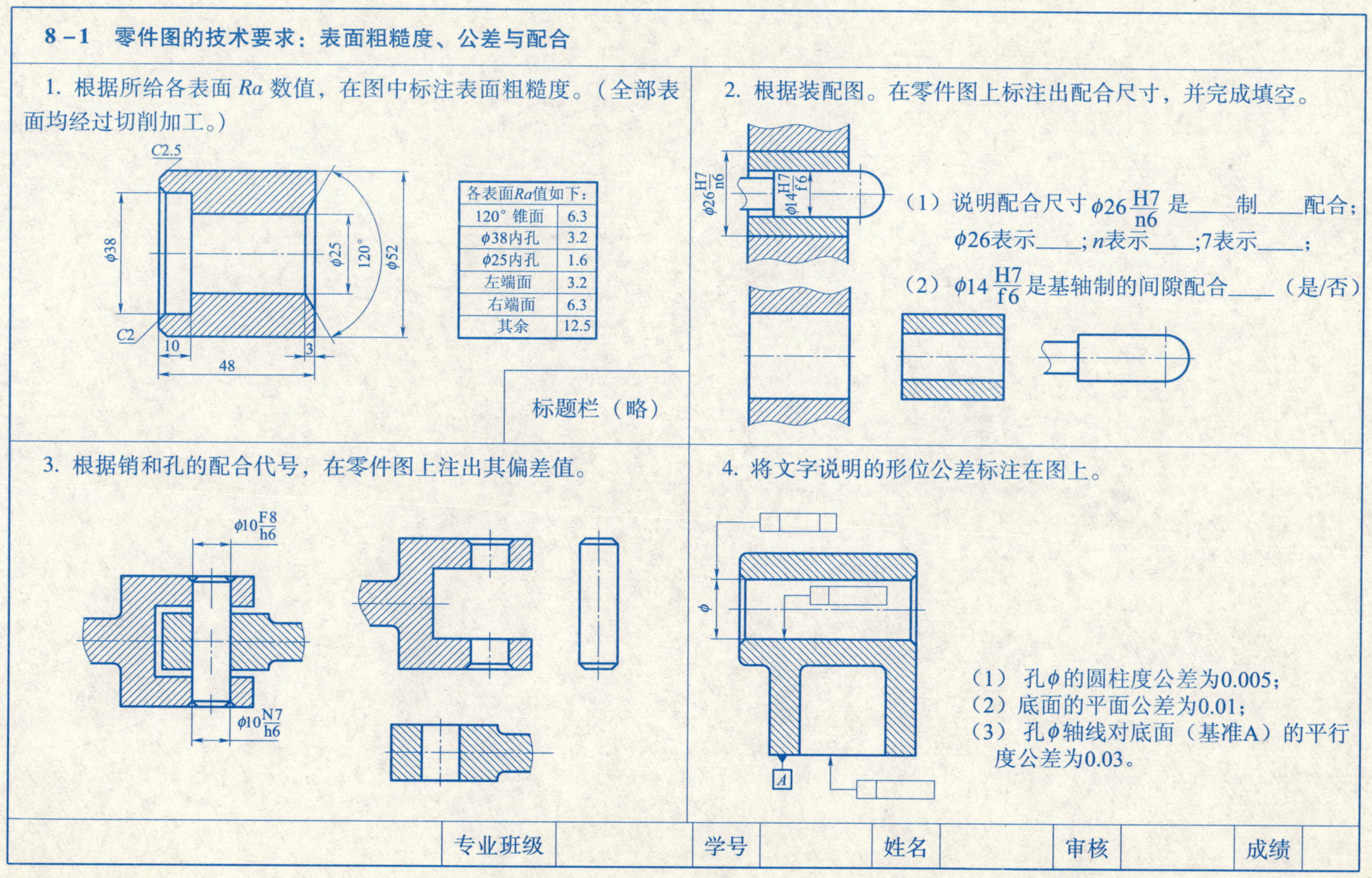
8-1　零件图的技术要求：表面粗糙度、公差与配合
1. 根据所给各表面 Ra 数值，在图中标注表面粗糙度。（全部表面均经过切削加工。）
C2.5
C2
φ38
φ25
120°
φ52
10
3
48
各表面Ra值如下：
120°锥面 6.3
φ38内孔 3.2
φ25内孔 1.6
左端面 3.2
右端面 6.3
其余 12.5
标题栏（略）
2. 根据装配图。在零件图上标注出配合尺寸，并完成填空。
φ26 H7/n6
φ14 H7/f6
（1）说明配合尺寸 φ26 H7/n6 是____制____配合；
φ26表示____；n表示____；7表示____；
（2）φ14 H7/f6 是基轴制的间隙配合____（是/否）
3. 根据销和孔的配合代号，在零件图上注出其偏差值。
φ10 F8/h6
φ10 N7/h6
4. 将文字说明的形位公差标注在图上。
φ
A
（1） 孔φ的圆柱度公差为0.005；
（2）底面的平面公差为0.01；
（3） 孔φ轴线对底面（基准A）的平行度公差为0.03。
专业班级
学号
姓名
审核
成绩

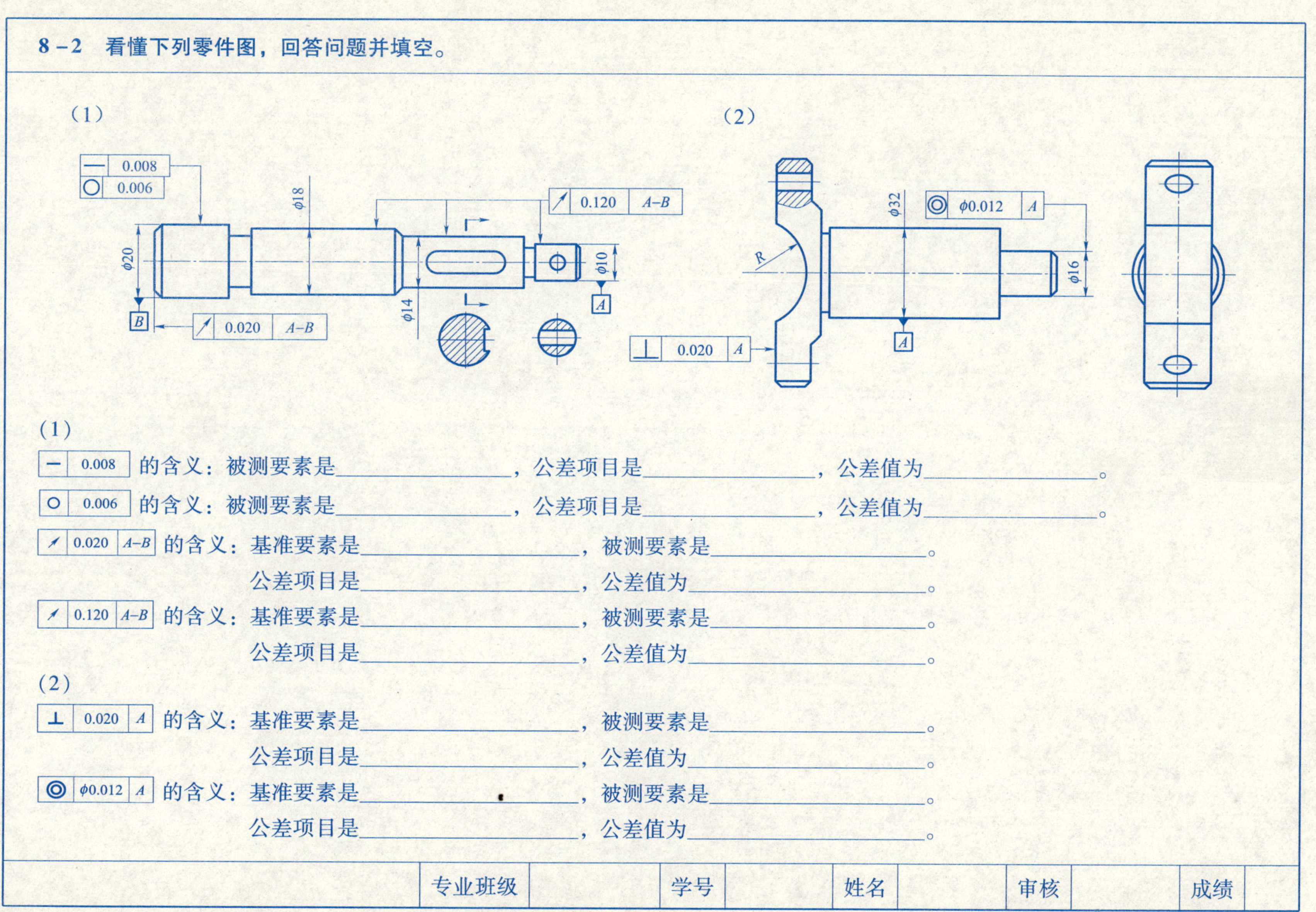

8－2　看懂下列零件图，回答问题并填空。

(1)　　　　　　　　　　　　　　(2)

(1)

| — | 0.008 | 的含义：被测要素是________，公差项目是________，公差值为________。

| ○ | 0.006 | 的含义：被测要素是________，公差项目是________，公差值为________。

| ↗ | 0.020 | A–B | 的含义：基准要素是________，被测要素是________。
公差项目是________，公差值为________。

| ↗ | 0.120 | A–B | 的含义：基准要素是________，被测要素是________。
公差项目是________，公差值为________。

(2)

| ⊥ | 0.020 | A | 的含义：基准要素是________，被测要素是________。
公差项目是________，公差值为________。

| ◎ | φ0.012 | A | 的含义：基准要素是________，被测要素是________。
公差项目是________，公差值为________。

专业班级		学号		姓名		审核		成绩	

8－3 主轴零件图

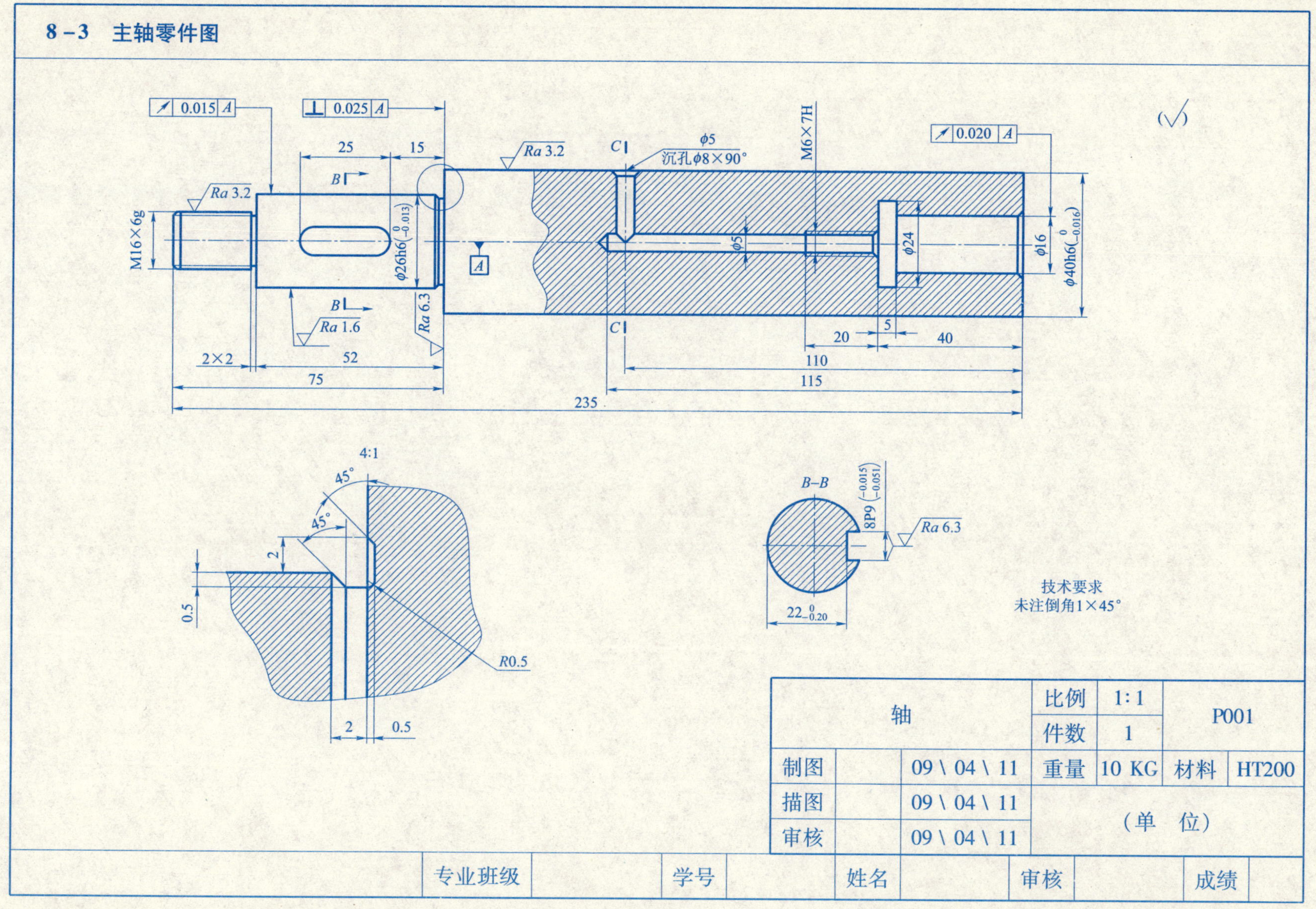

轴			比例	1:1	P001	
			件数	1		
制图		09 \ 04 \ 11	重量	10 KG	材料	HT200
描图		09 \ 04 \ 11	（单　位）			
审核		09 \ 04 \ 11				

专业班级		学号		姓名		审核		成绩	

8-4 读懂轴类和顶杆零件图并填空。

看懂主轴零件图，作下列练习题：

1. 该零件的基本形体是________体，属于________类零件。该零件图采用的比例为________，其含义是________。

2. 该零件的结构形状共用________个图形表达，其中________视图采用________剖视图。另外还用了________剖面和一个________图。

3. 轴上的键槽的长度是________，宽度为________，深度为________，其定位尺寸为________。

4. 沉孔的定形尺寸为________，其定位尺寸为______________。

5. 2×2 表示____。

6. 零件上 ϕ40h6 这段的长度是____________________，其表面粗糙度要求为____________________。

7. $\phi40h6\left(\begin{smallmatrix}0\\-0.016\end{smallmatrix}\right)$ 表示其基本尺寸为________________，上偏差为________________，下偏差为________________，最大极限尺寸为________________，最小极限尺寸为________________，公差为________________。

8. 按 1:1 画出 $C-C$ 剖面图。

C–C

看懂顶杆零件图，作下列练习题：

1. 图上剖面图没有任何标注，因为它的位置是在________上，而且图形是________。

2. 该零件的________________断面是轴向尺寸主要基准，________是径向尺寸主要基准。

3. 在主视图中，下列尺寸属于哪种类型（定形、定位）尺寸。

47 是________尺寸；

14 是________尺寸；

55 是________尺寸；

SR24 是________尺寸；

ϕ10H8 是________尺寸。

4. 该零件上 ϕ19f7 圆柱面的长度为________，表面粗糙代号为________。

5. 退刀槽 2×ϕ11 的含义：2 表示槽的________，ϕ11 表示槽处________。

6. 将 ϕ19f7 中的“f7”查表改写为偏差值，应为 ϕ19 ________。

专业班级		学号		姓名		审核		成绩	

8－5　看顶杆零件图，回答下列问题

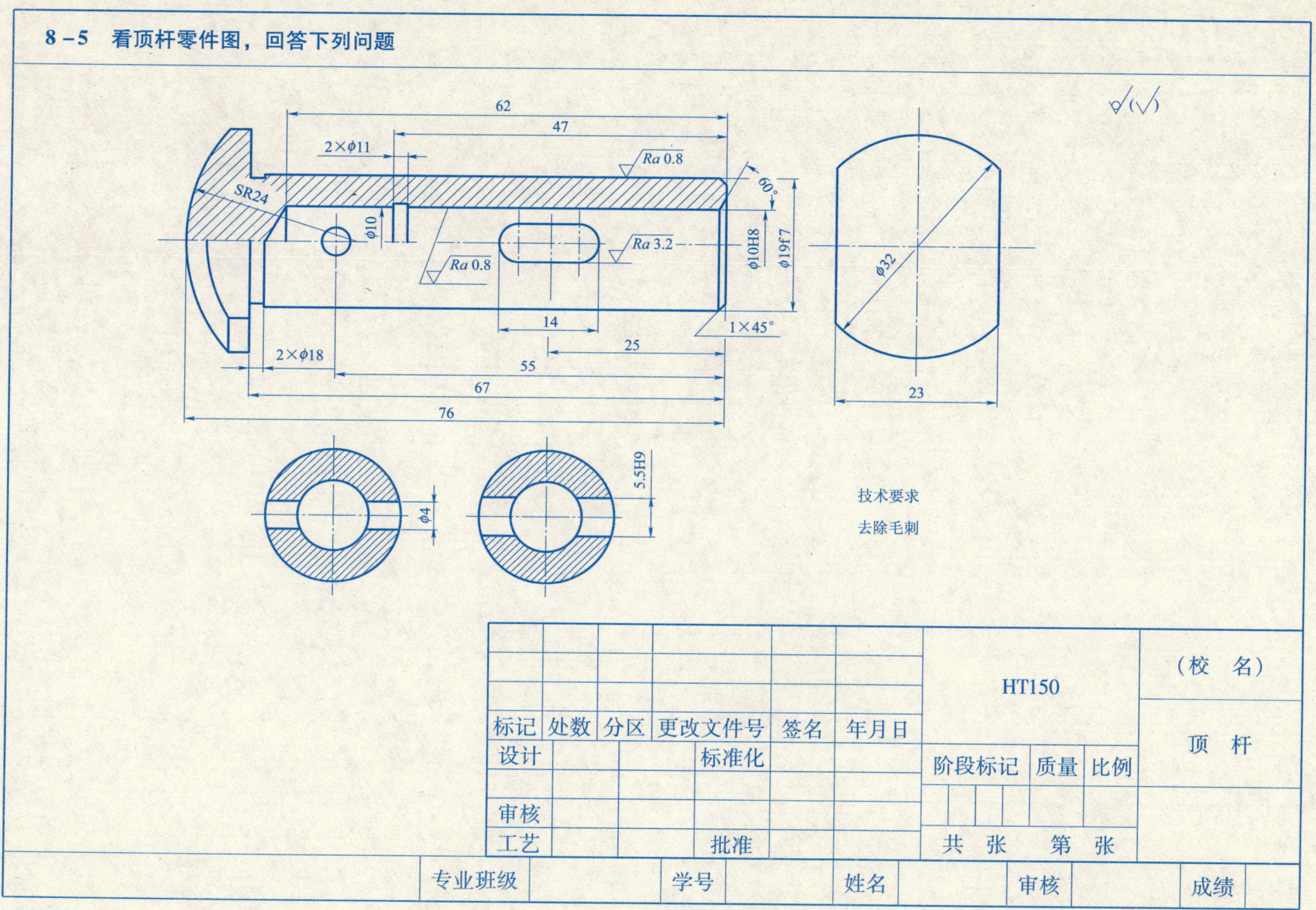

第九章　装　配　图

9－1　按 1:1 比例在 A3 图纸上画出千斤顶的装配图

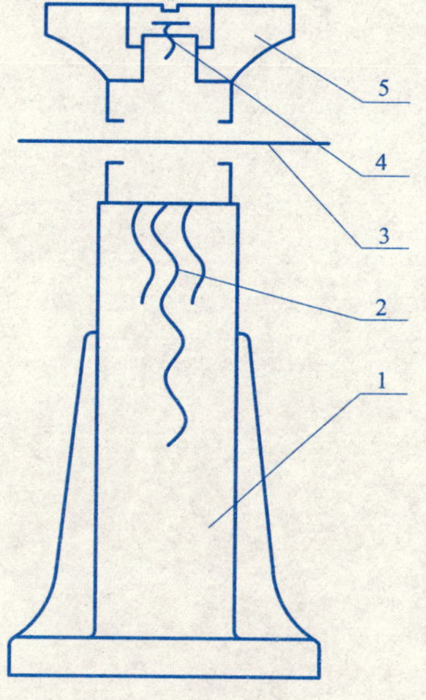

千斤顶装配示意图

千斤顶

作业说明：根据装配示意图和零件图，绘制装配图，图纸幅面和比例自选，图号：09－01－00。

工作原理说明：千斤顶是顶起重物的部件。使用时，只需逆时针转动旋转杆（杆 3），起重螺杆 2 就向上移动，并将重物顶起。

5	09.01.05	顶　盖	1	45	
4	09.01.04	螺　钉	1	30	
3	09.01.03	旋转杆	1	45	
2	09.01.02	起重螺杆	1	45	
1	09.01.01	底　座	1	HT300	
序号	代　号	名称	数量	材　料	备　注

千斤顶			比例		
			件数		
制图			重量		材料
描图			（单　位）		
审核					

专业班级		学号		姓名		审核		成绩	

第九章 装配图

9-1 按1:1比例在A3图纸上画出千斤顶的装配图

千斤顶装配示意图

千斤顶

作业说明：根据装配示意图和零件图，绘制装配图，图纸幅面和比例自选，图号：09-01-00。

工作原理说明：千斤顶是顶起重物的部件，使用时，只需逆时针转动旋转杆（件3），起重螺杆2就向上移动，并将重物顶起。

序号	代号	名称	数量	材料	备注
5	09.01.05	顶盖	1	45	
4	09.01.04	螺钉	1	30	
3	09.01.03	旋转杆	1	45	
2	09.01.02	起重螺杆	1	45	
1	09.01.01	底座	1	HT300	

千斤顶		比例		
		件数		
制图		重量		材料
描图			(图号)	
审核				

专业班级		学号		姓名		审核		成绩	

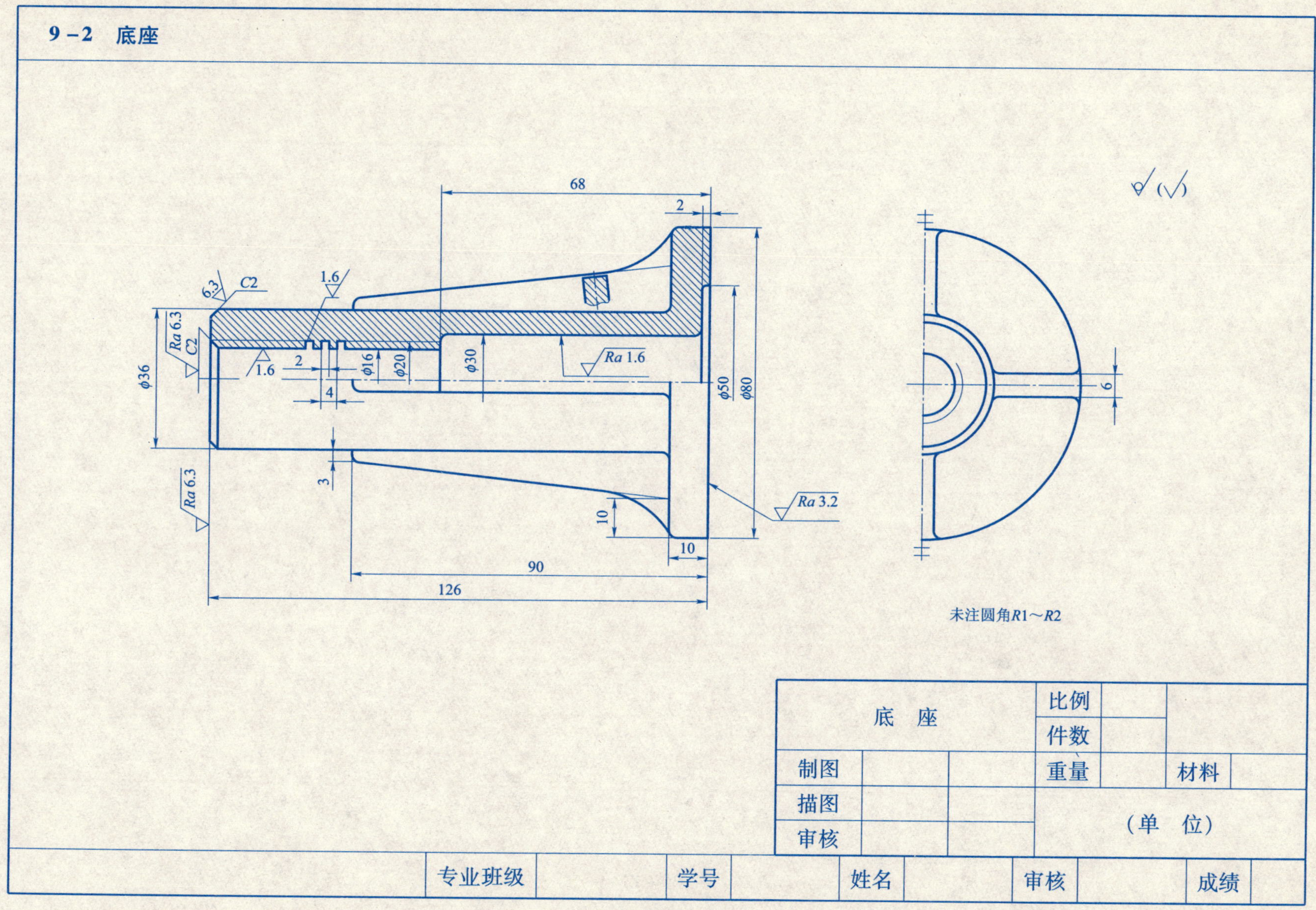
9-2 底座
68
2
1.6
6.3
C2
Ra 6.3
C2
φ36
1.6
2
4
φ16
φ20
φ30
Ra 1.6
φ50
φ80
3
Ra 6.3
Ra 3.2
10
10
90
126
6
未注圆角R1～R2
底 座
比例
件数
重量
材料
制图
描图
审核
(单 位)
专业班级
学号
姓名
审核
成绩

9－3 起重螺杆

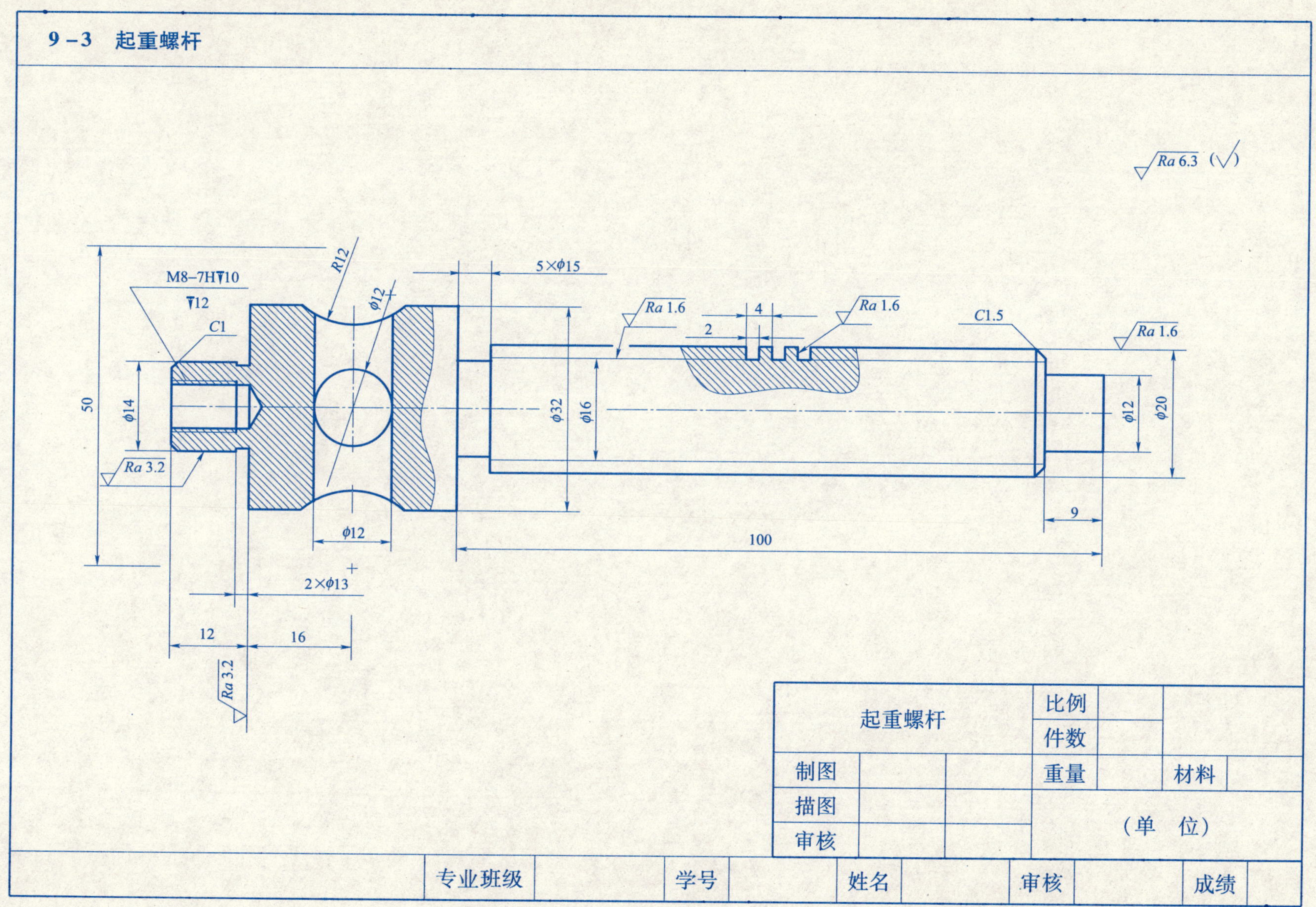

起重螺杆			比例		
			件数		
制图			重量		材料
描图			(单　位)		
审核					

专业班级		学号		姓名		审核		成绩	

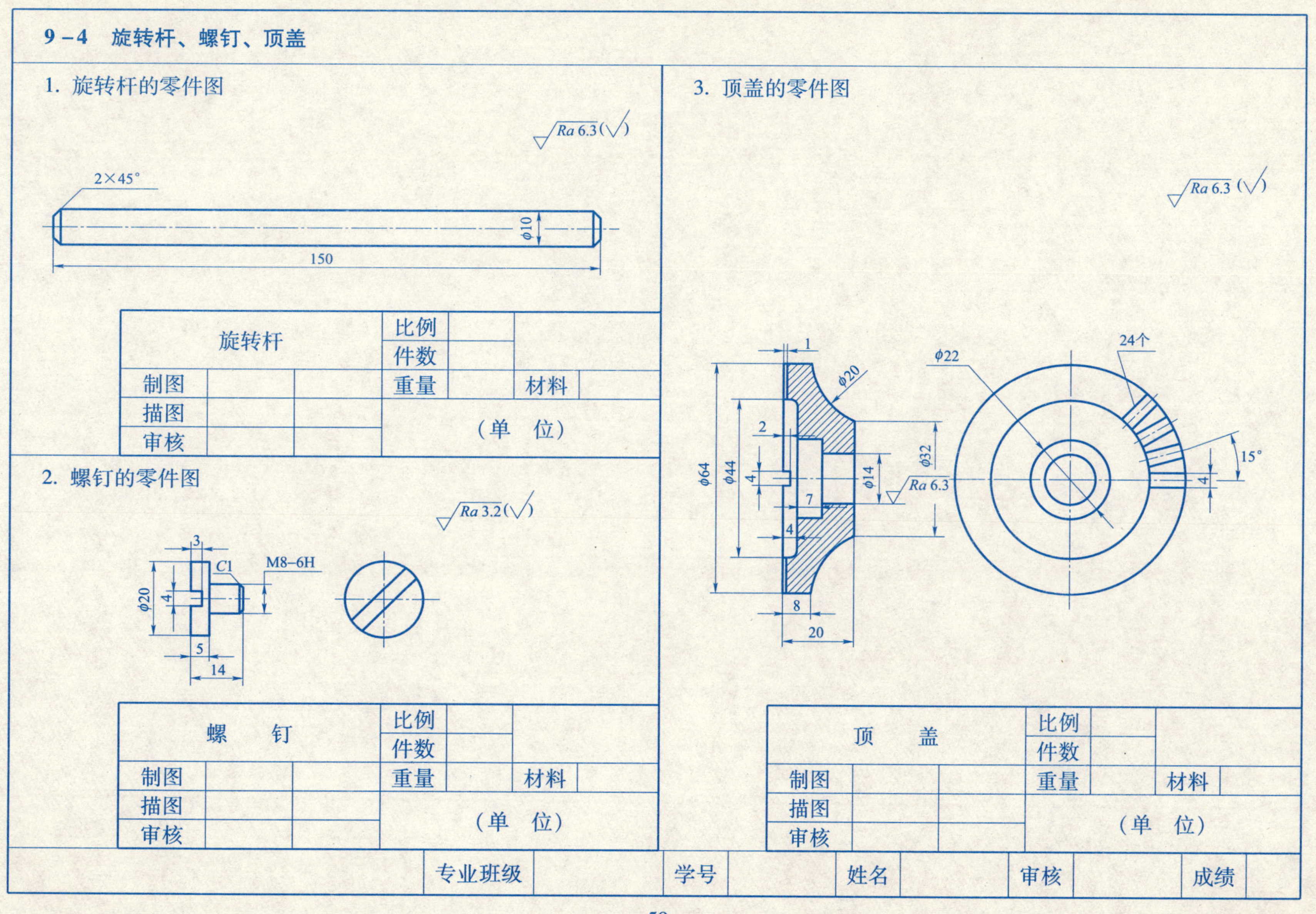
9－4　旋转杆、螺钉、顶盖
1. 旋转杆的零件图
Ra 6.3(√)
2×45°
φ10
150
旋转杆
比例
件数
制图
重量
材料
描图
审核
（单　位）
2. 螺钉的零件图
Ra 3.2(√)
3
C1
M8-6H
φ20
4
5
14
螺　　钉
比例
件数
制图
重量
材料
描图
审核
（单　位）
3. 顶盖的零件图
Ra 6.3 (√)
1
φ20
φ22
24个
2
φ64
φ44
4
φ32
φ14
Ra 6.3
15°
4
7
4
8
20
顶　　盖
比例
件数
制图
重量
材料
描图
审核
（单　位）
专业班级
学号
姓名
审核
成绩

9-5 转向阀装配图

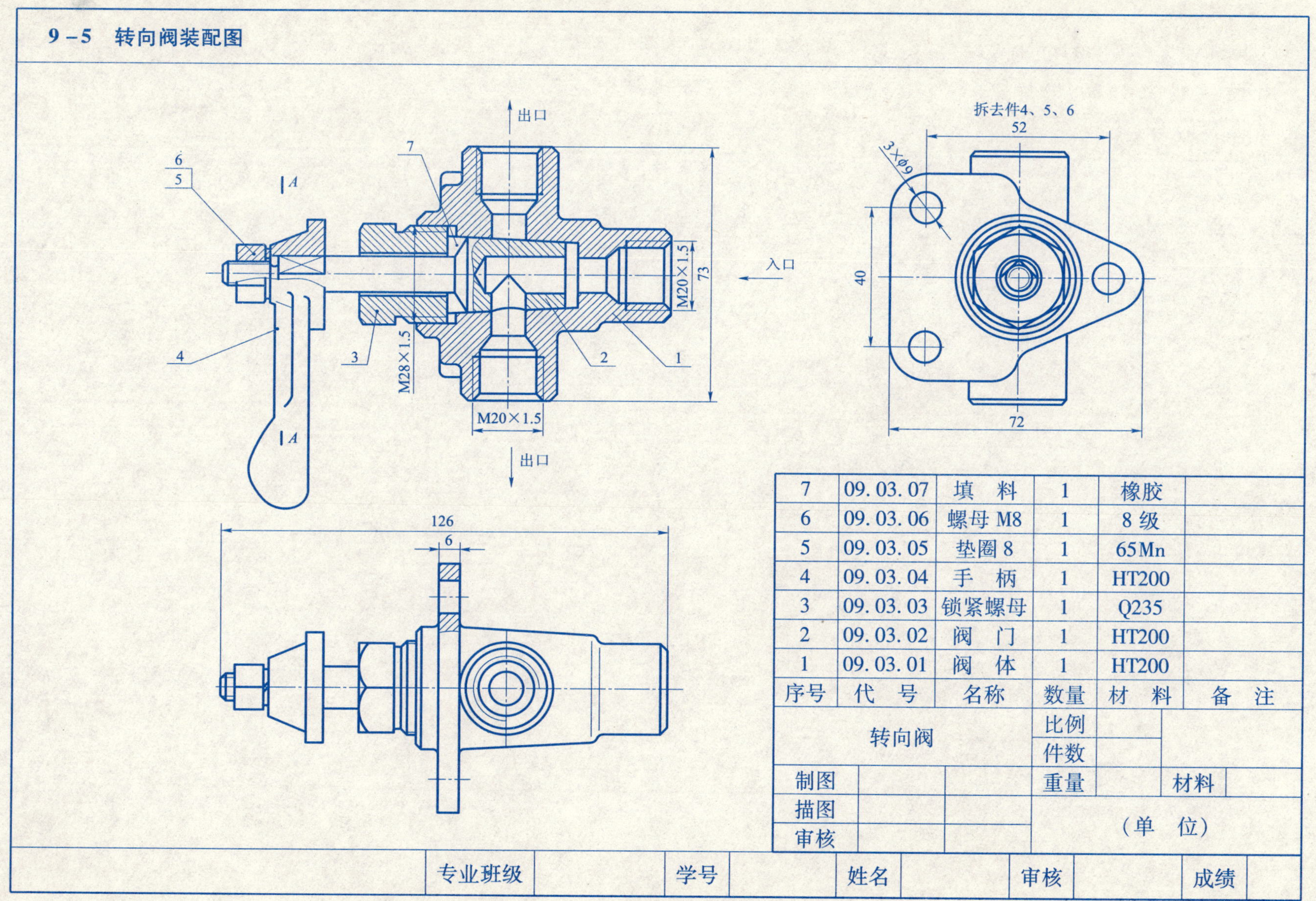

7	09.03.07	填　料	1	橡胶	
6	09.03.06	螺母 M8	1	8 级	
5	09.03.05	垫圈 8	1	65Mn	
4	09.03.04	手　柄	1	HT200	
3	09.03.03	锁紧螺母	1	Q235	
2	09.03.02	阀　门	1	HT200	
1	09.03.01	阀　体	1	HT200	
序号	代　号	名称	数量	材　料	备　注

转向阀			比例		
			件数		
制图			重量		材料
描图			（单　位）		
审核					

专业班级		学号		姓名		审核		成绩	

9-6 选用适合的表达方法拆画锁紧螺母、阀门

换向阀的工作原理：

本换向阀主要用于流体管路中控制流体的输出方向。在图示情况下，流体由右边进入，因上出口不通，只能从下出口流出。当转动手柄4，使阀门2旋转180°时，则下出口不通，就改从上出口流出。根据手柄转动角度不同，还可以调节出口处的流量

锁紧螺母			比例			
			件数			
制图			重量		材料	
描图			（单　位）			
审核						

阀　门			比例			
			件数			
制图			重量		材料	
描图			（单　位）			
审核						

专业班级		学号		姓名		审核		成绩	

9－7 选用适合的表达方法拆画 1 号件阀体

<table>
<tr><td colspan="3" rowspan="2">阀 体</td><td>比例</td><td></td><td colspan="2" rowspan="2"></td></tr>
<tr><td>件数</td><td></td></tr>
<tr><td>制图</td><td></td><td></td><td>重量</td><td></td><td>材料</td><td></td></tr>
<tr><td>描图</td><td></td><td></td><td colspan="4" rowspan="2">（单 位）</td></tr>
<tr><td>审核</td><td></td><td></td></tr>
</table>

	专业班级		学号		姓名		审核		成绩	

9-8 夹线体装配图

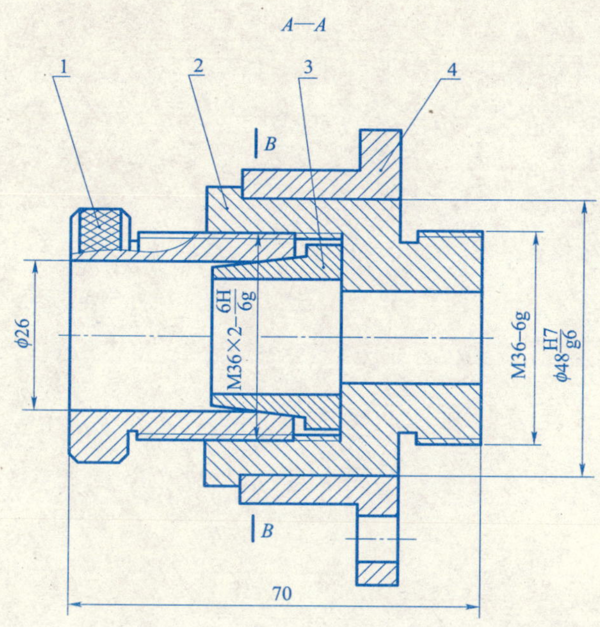

工作原理：

夹线体是将线从左端穿入夹套 3 中，然后旋转手动压套 1，通过螺纹 M36 ×2 旋合使手动压套向右移动，沿着锥面接触使夹套向中心收缩（因夹套上有开口槽），从而夹紧线体。当线体被夹住后，还可以与手动压套、夹套 3 一起在盘座 4 的 $\phi48$ 孔中旋转。

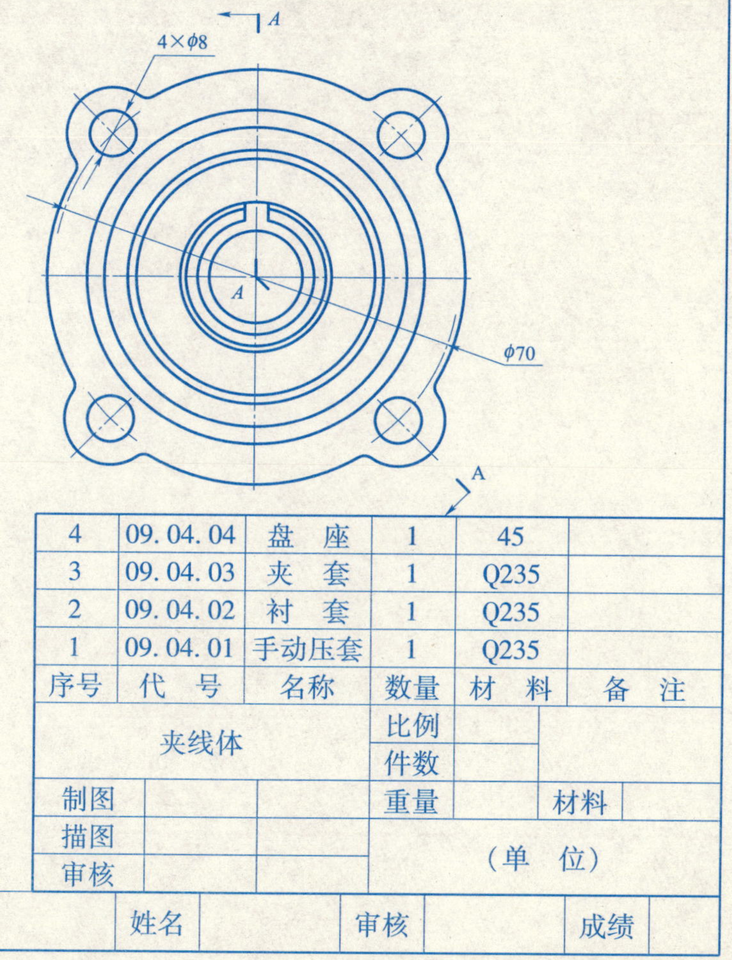

4	09. 04. 04	盘　座	1	45	
3	09. 04. 03	夹　套	1	Q235	
2	09. 04. 02	衬　套	1	Q235	
1	09. 04. 01	手动压套	1	Q235	
序号	代　号	名称	数量	材　料	备　注

夹线体		比例			
		件数			
制图		重量		材料	
描图		（单　位）			
审核					

专业班级		学号		姓名		审核		成绩	

9-9 拆画夹线体装配图中的零件和断面图

1. 画出 $B-B$ 断面图。

2. 拆画零件 2 夹套。

	比例		
	件数		
制图			重量		材料	
描图			（单 位）
审核			

专业班级		学号		姓名		审核		成绩	

第十章　房建制图

10－1　根据轴测图，画出立体的三视图（按1∶1量取）

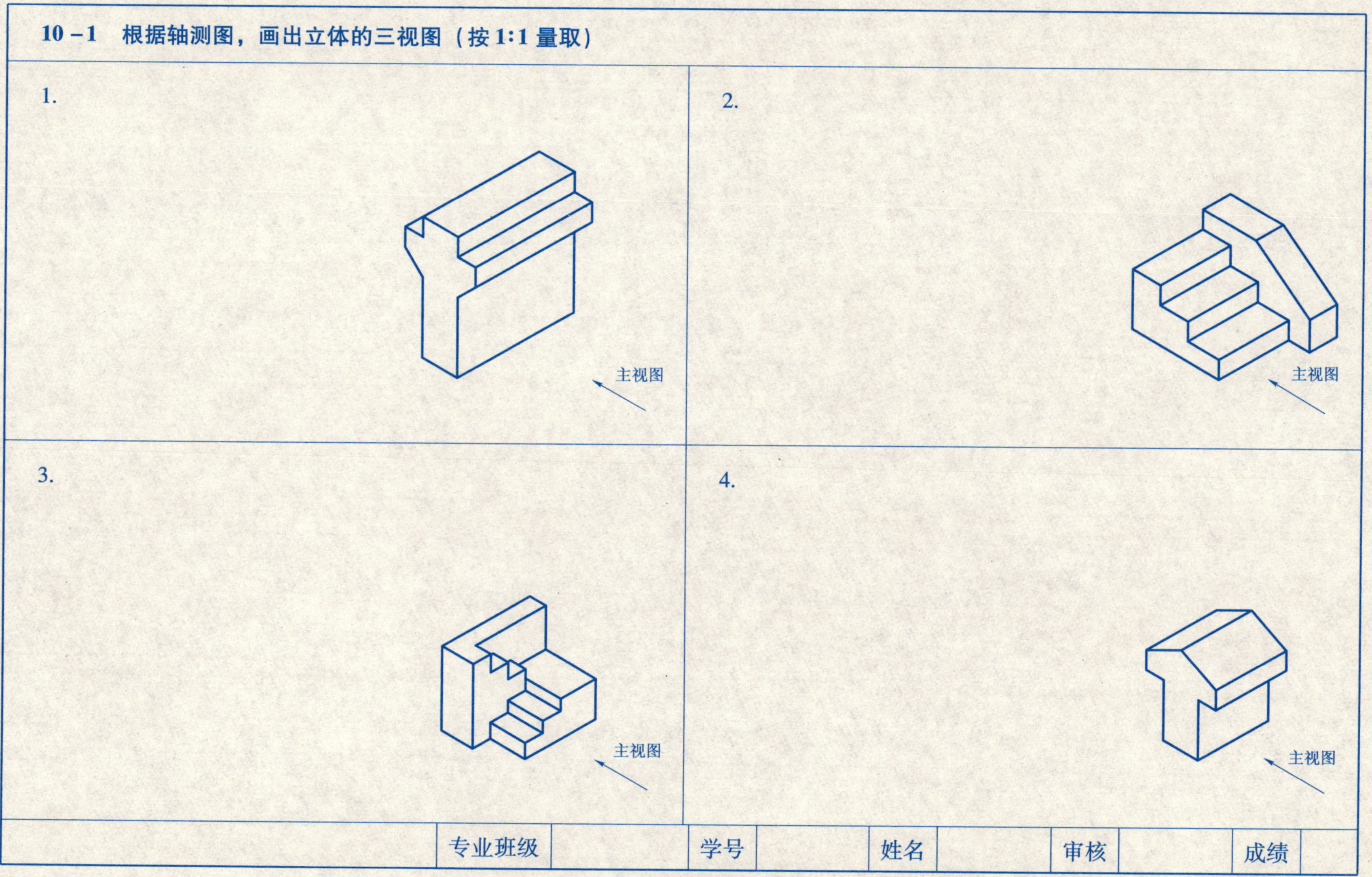

专业班级		学号		姓名		审核		成绩	

10－2　根据所给的两面投影，分析立体形状，补画出立体的第三面投影

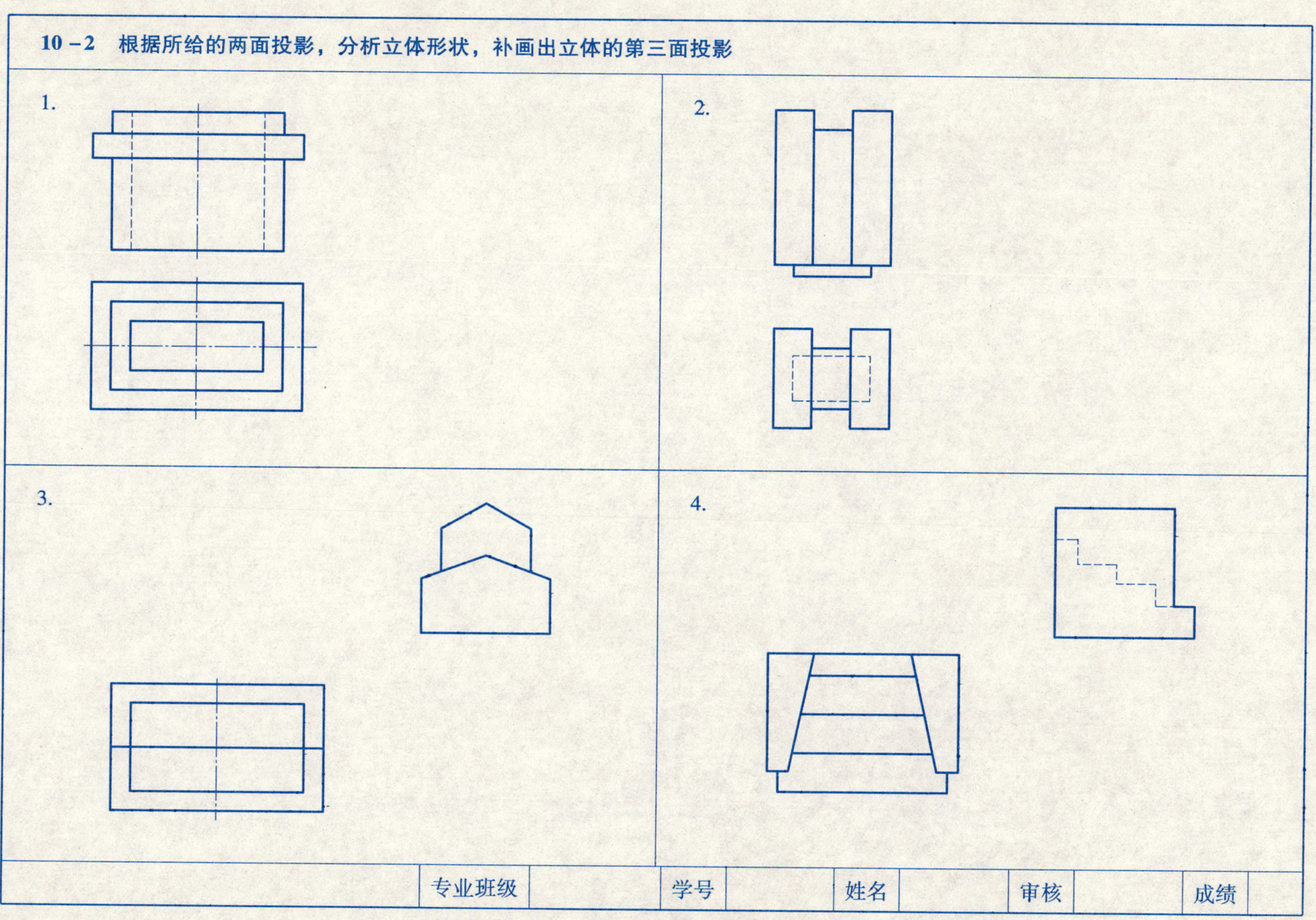

专业班级		学号		姓名		审核		成绩	

10－3　填空题

1. 房屋施工图由于专业分工的不同，分为（　　　　）、（　　　　）和（　　　　）。

2. 建筑总平面图是反映一定范围内（　　　　）、（　　　　）、（　　　　）、（　　　　）的建筑物及其所处周围环境、地形地貌、道路绿化等情况的水平投影图。

3. 在建筑平面图中的外部尺寸共有三道，由外至内，第一道表示建筑总长、总宽的外形尺寸，称为（　　）尺寸；第二道为墙柱中心轴线间的尺寸，称为（　　）尺寸；第三道主要用来表示门、窗洞口的宽度和定位尺寸，称为（　　）尺寸。

4. 在建筑平面图中，横向定位轴线应用（　　　）从（　　　）至（　　　）依次编写；竖向定位轴线应用（　　　　）从（　　）至（　　）顺序编写。

5. 房屋结构施工图的图样一般包括（　　　　）和（　　　　）两种。

6. 写出下列常用结构构件的代号名称：B（　　）、L（　　）、GZ（　　）、QL（　　）、J（　　）、YP（　　）、GL（　　）。

7. 一套建筑施工图一般包括建筑物的（　　　　）、（　　　　）、（　　　　）、（　　　　）和（　　　　）。

专业班级		学号		姓名		审核		成绩	

第十一章 电气化图

11－1 填空题和画图题

填空题

1. 电气线路图的分类________、________、________、________。
2. 电气线路图的常见符号画法 电容器________电池________晶体管________。
3. 电路图常用线型如实线应用场合________________虚线应用场合________________。
4. 用图形符号表示电源和线条表示电源。

5. 焊接接头的型式____________、____________、____________、____________。
6. 自己设计一个收音机工作过程框图。

专业班级		学号		姓名		审核		成绩	

第十二章　化工设备图

12－1　根据装配示意图绘制化工设备图

一、作图目的

1. 掌握化工设备零部件的查表方法。
2. 掌握标准件的规定标记的书写方法。
3. 熟悉化工设备图包含的内容及表达方法。
4. 掌握化工设备图的作图步骤。

二、作图内容和要求

1. 读懂装配示意图，了解所用化工设备标准件的类型，在8－2题中绘出标准零部件的图形，并标注尺寸，为装配图的绘制做好准备。
2. 由装配示意图，绘出储罐设备图。
3. A2图纸，横放，绘图比例自定。

三、注意事项

1. 画图前看懂设备示意图及有关零部件图，了解设备的工作情况及各零部件的装配连接关系。
2. 综合运用化工设备图的表达方法确定表达方案。
3. 要合理布置视图及标题栏、明细栏、管口表、技术特性表、技术要求。
4. 参考书中焊缝图形，正确绘出焊缝图形。

技术特性表

设计压力	常压
工作压力	常压
设计温度/℃	100
操作温度/℃	40
物料名称	
腐蚀裕度/mm	1.5
焊缝系数	0.85
容器类别	1

管　口　表

符号	公称尺寸连接	尺寸标准	连接面形式	用途或名称
a	450HG	HG21515—1995		入孔
b	200	JB/T 81—1994	平面	进料口
c	20	JB/T 81—1994	平面	排气口
d	200	JB/T 81—1994	平面	出料口
e	20	JB/T 81—1994	平面	排污口

专业班级		学号		姓名		审核		成绩	

12－2　根据化工设备示意图画出零件图

1. 封头

2. 指定法兰

专业班级		学号		姓名		审核		成绩	

12－3　化工设备示意图

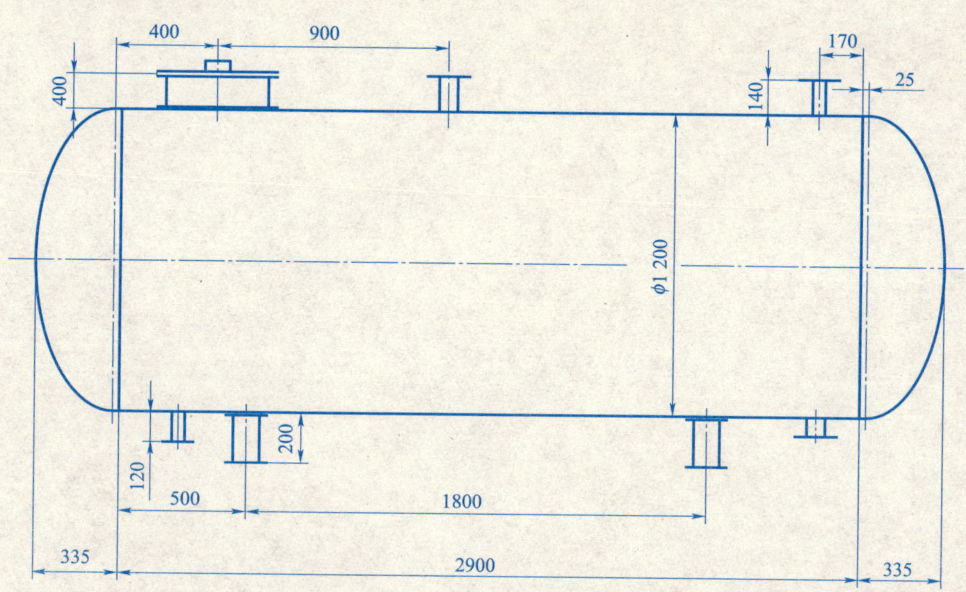

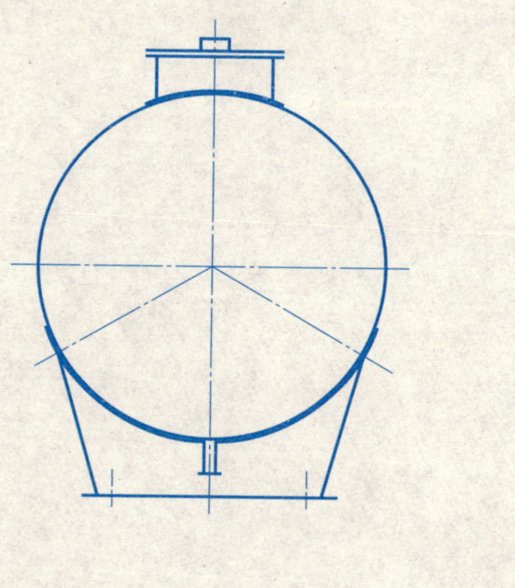

技术要求

1. 本设备按《压力容器安全监察规程》、《钢制管壳式换热器设计规定》、《钢制管壳式换热器技术条件》进行设计、制造、实验和验收。
2. 焊接采用电焊、焊条型号为 T442，焊接接头形式及尺寸除图中注明外，均采用 GB/T 985—1980 中规定，法兰焊接按相应法兰标准中的规定。
3. 壳体焊接缝应进行无损探伤检查。
4. 设备制造完毕后，壳程及管程分别以 1 MPa 进行压力实验。

	专业班级		学号		姓名		审核		成绩	

12－4　读氯乙烯工艺流程图并回答问题

1. 首先阅读标题栏和图例说明，从中了解图样名称、各种图形符号、代号的含义。

2. 看图中的设备，了解设备的名称、位号及数量，大致了解设备的用途。

该流程图中自左而右排列有＿＿＿＿＿＿（V0101）、＿＿＿＿＿＿（V0102）、＿＿＿＿＿＿（C0101A，B）两台、＿＿＿＿＿＿（E0102）、＿＿＿＿＿＿（E0103）、＿＿＿＿＿＿（E0104）及＿＿＿＿＿＿（V0103）、＿＿＿＿＿＿（P0101）共有＿＿＿＿＿＿台设备。

3. 阅读流程，了解物料流向。

本流程图为氯乙烯压缩回收工段，没反应的氯乙烯气体经管道＿＿＿＿＿＿＿＿＿＿＿＿＿＿＿＿＿＿

送入捕集器（V0102），与＿＿＿＿＿＿（V0101）设备来的气体一起，经管道＿＿＿＿＿＿进入＿＿＿＿＿＿（C0101），经压缩后进入＿＿＿＿＿＿（E0101）一次冷却后，又经＿＿＿＿＿＿＿（E0102）进行二次冷却，将氯乙烯气体和＿＿＿＿＿＿水蒸气冷却为液体，进入＿＿＿＿＿＿（E0103），从设备下部分离出液体水，经管道＿＿＿＿＿＿流出，液体氯乙烯进入＿＿＿＿＿＿（E0104），经管道＿＿＿＿＿＿排出氯乙烯中的N，进入设备＿＿＿＿＿＿（V0103），下部分离出水，一部分没有液化的氯乙烯气体经＿＿＿＿＿＿管道流＿＿＿＿＿＿回气柜，再次回收利用。液体氯乙烯经氯乙烯输送泵送入下一工段。

4. 其他

E0101 设备是＿＿＿＿＿＿，管程内走＿＿＿＿＿＿，壳程内走＿＿＿＿＿＿。

管道上共有仪表控制点＿＿＿＿＿＿处，其中 PI 是＿＿＿＿＿＿仪表，TI 是＿＿＿＿＿＿仪表，LIA 是＿＿＿＿＿＿仪表。

专业班级		学号		姓名		审核		成绩	

12－5 氯乙烯工艺流程图

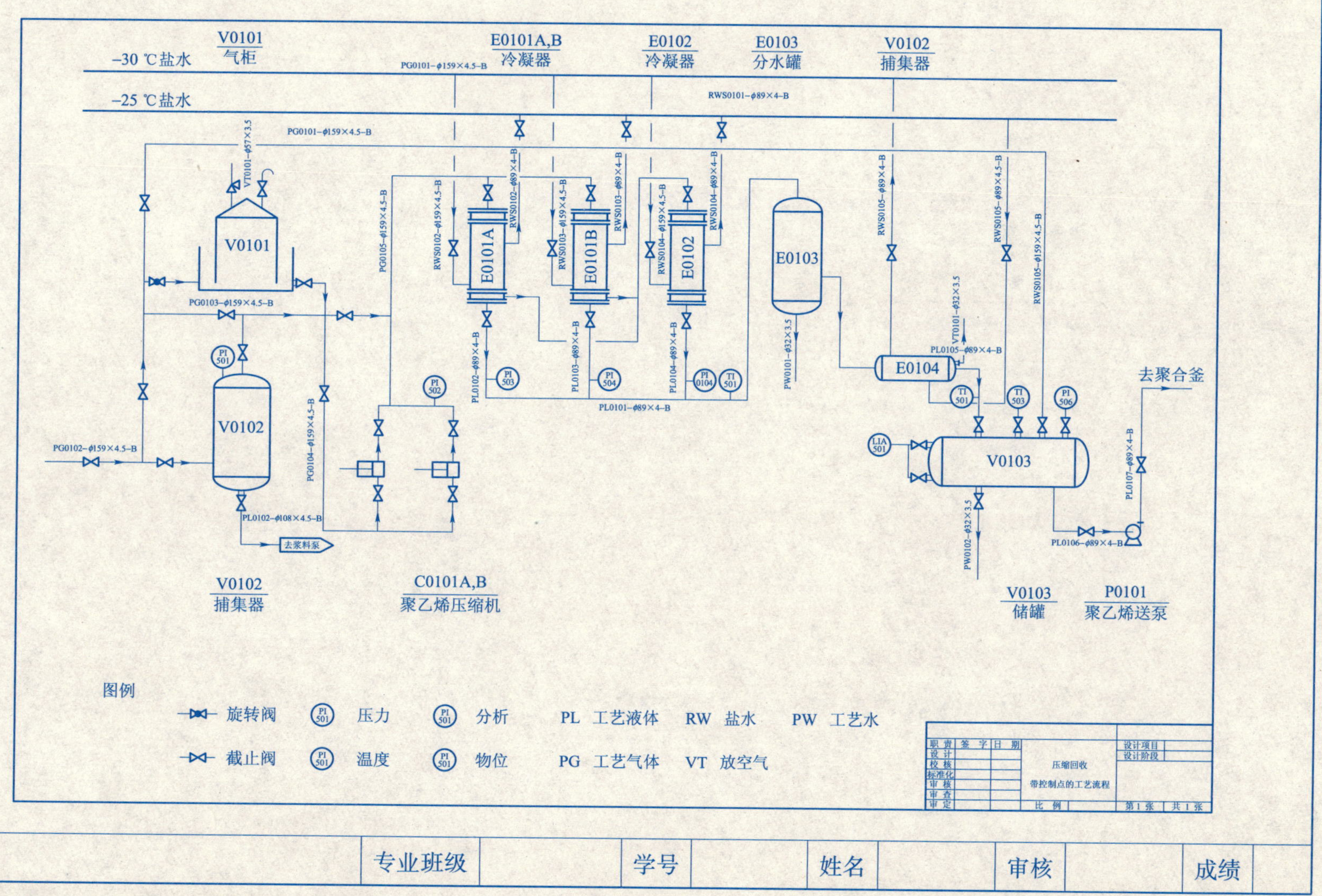

专业班级		学号		姓名		审核		成绩	

12－6 读抗阻剂工艺流程图并回答问题

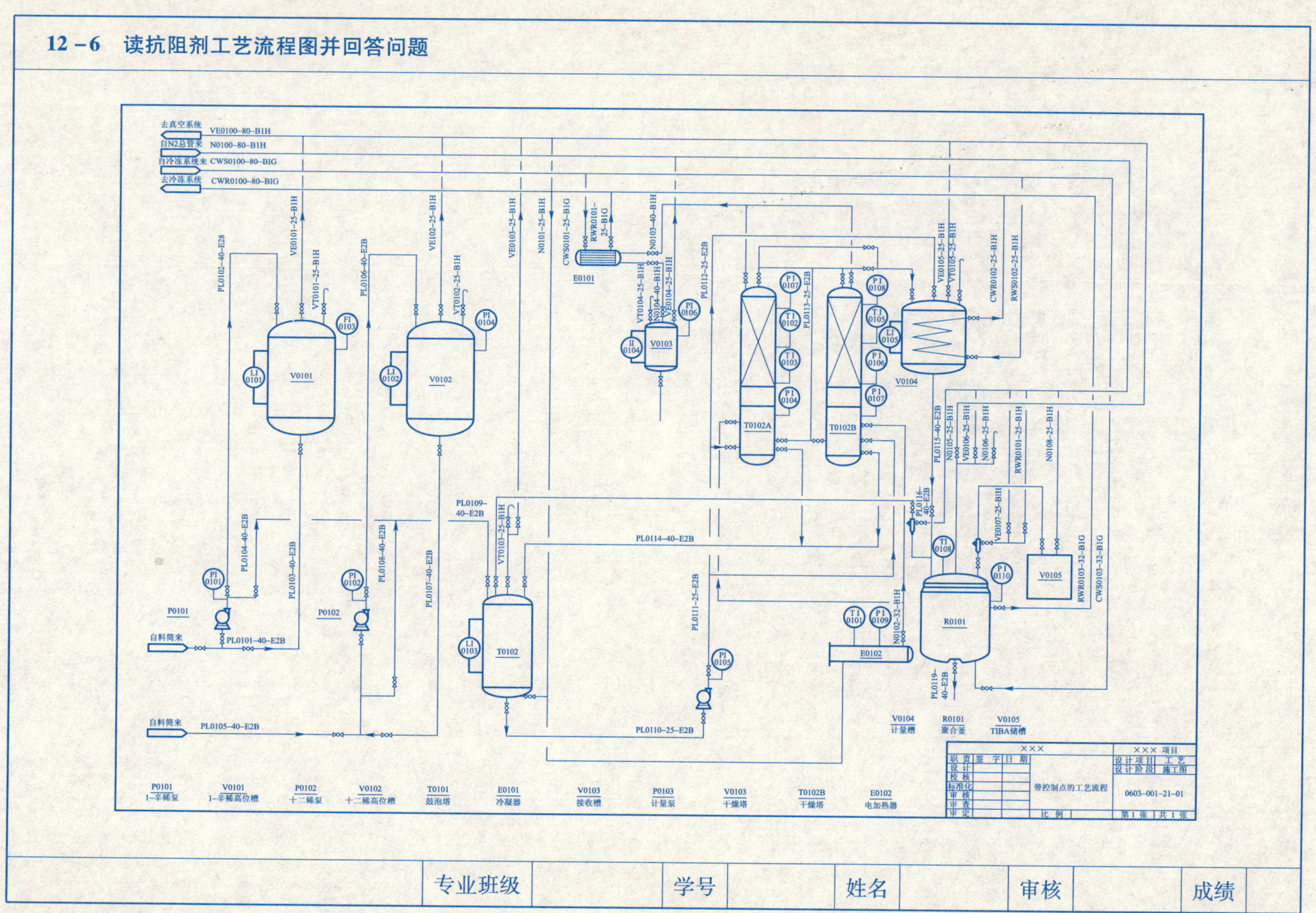

专业班级		学号		姓名		审核		成绩	

12－7　抗阻剂工艺流程图

1. 看图中的设备，了解设备的名称、位号及数量，大致了解设备的用途。

该流程图中有泵体设备____台，分别为____________，从而了解泵是以____________命名的，容器类设备有____________台，塔器设备有____________台，换热器有____________台，反应器设备有____________台。

2. 阅读流程，了解物料流向。

从原料桶来的____________原料输送至____________储存，后经____________泵输送至____________与十二烯混合，在设备上连接了真空管，以使设备____________内保持____________压，从____________出来的物料用____________泵输送至____________，除去物料中的水分，然后进入____________，____________上连接有____________，作用是____________，最后进入____________反应得到润滑剂，设备上连接有氮气管道，为了阻断物料与____________的接触，说明物料是易燃易爆物品，最后送人____________储存。

设备 V0103 是将____________的物料经____________后，送人____________设备，后连接真空系统将物料抽走。

在干燥塔的下部连有 E0102 ____________设备，主要是将____________加热，送人干燥塔，以吹干 T0102 设备内的触媒。

3. 其他

PL0105－40－E2B 的含义是__________________________，CWS0100－80－BIG 的含义是__________________________。

设备采用____________线作图，有规定符号的设备按规定作图，无规定符号的设备画____________，流程图中主要物料管道用____________线作图，辅助物料管道用____________线作图，二者交叉是断开____________管线，两主要物料管线交叉____________线断开。

专业班级		学号		姓名		审核		成绩	

第十三章　AutoCAD 2007 绘图基础

13－1　用计算机绘制下列几何图形

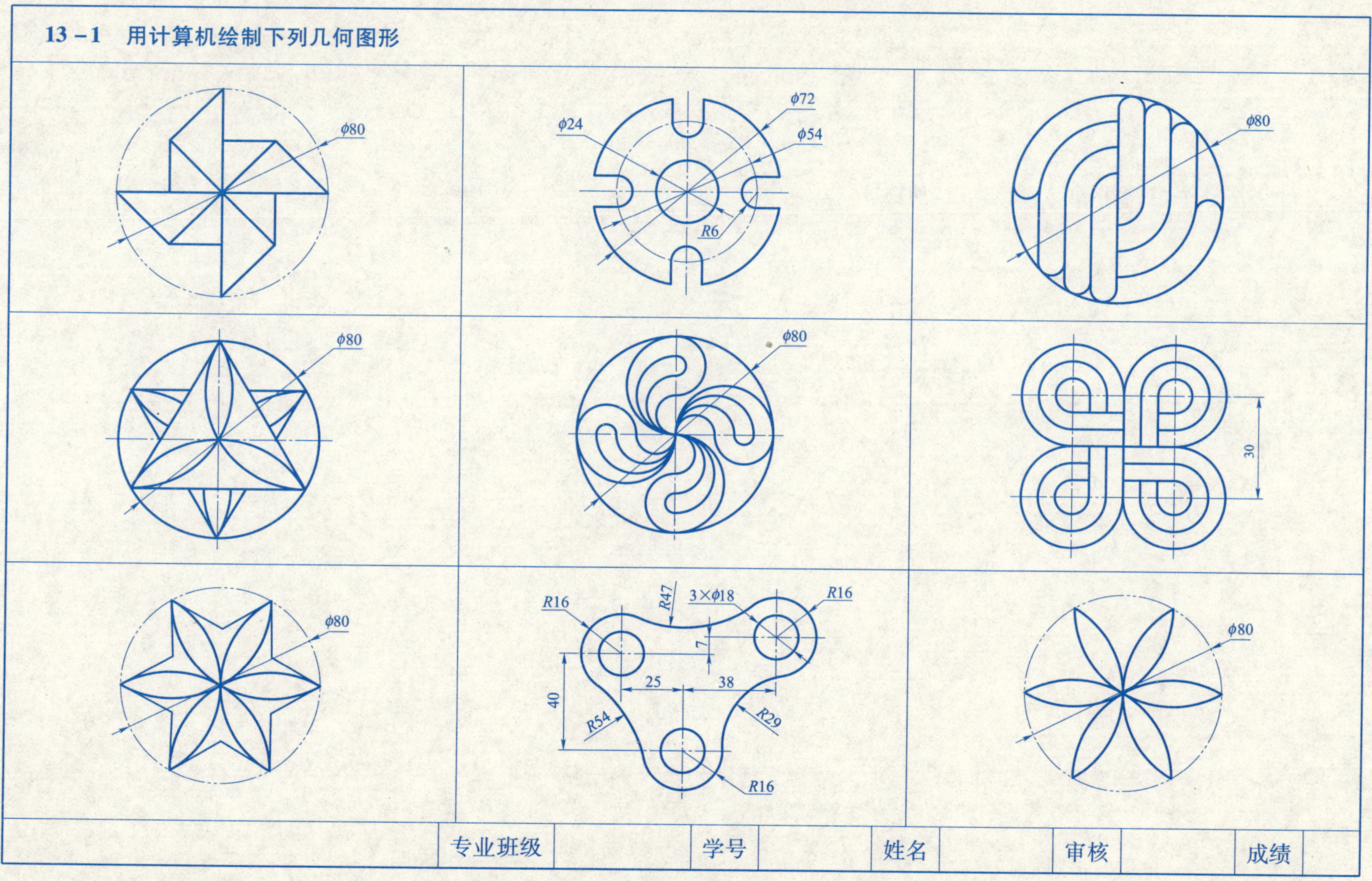

专业班级		学号		姓名		审核		成绩	

13－2　用计算机绘制下列几何图形

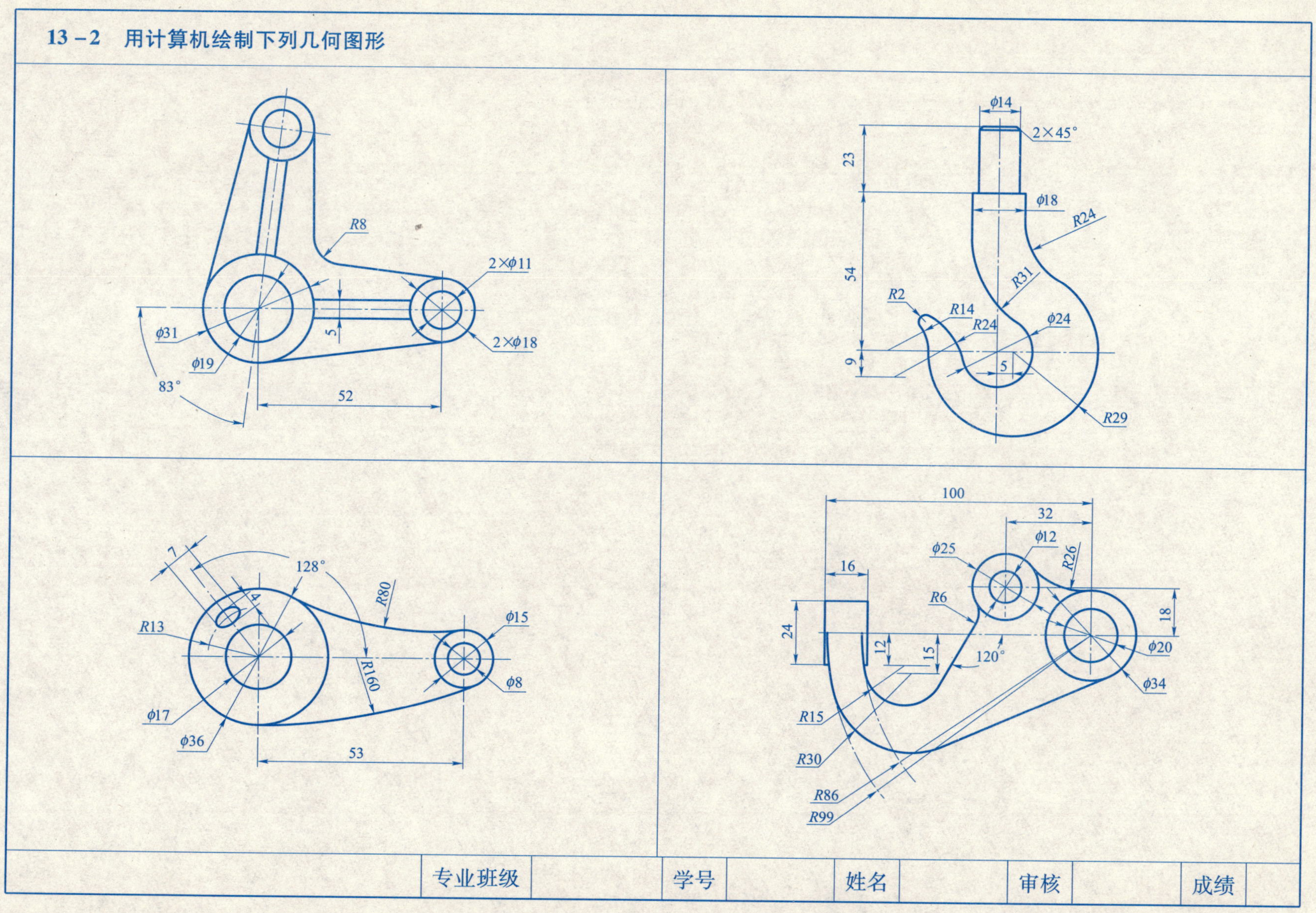

13－3 用计算机绘制下列几何图形

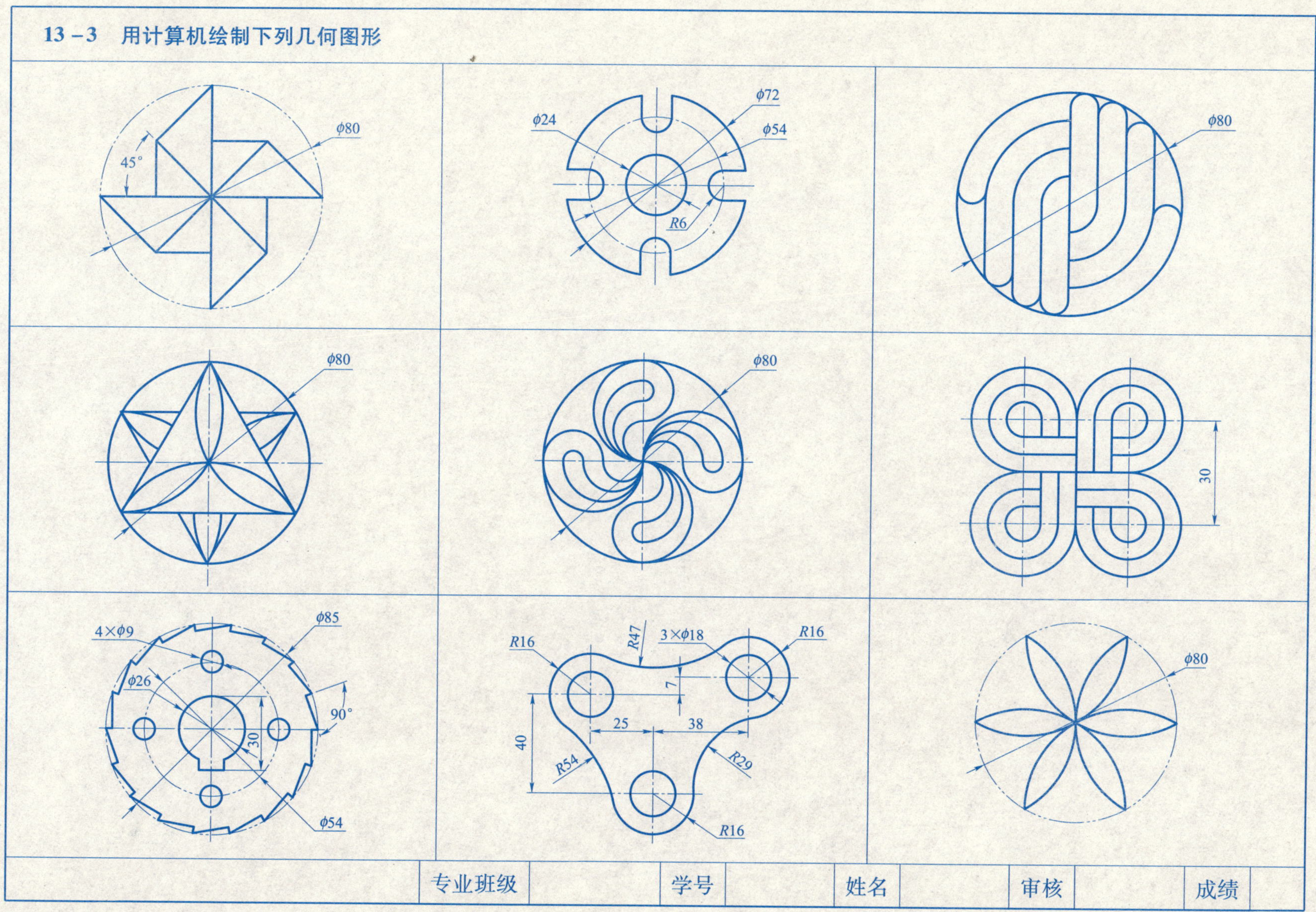

专业班级		学号		姓名		审核		成绩	

13－4　用计算机绘制下列几何图形

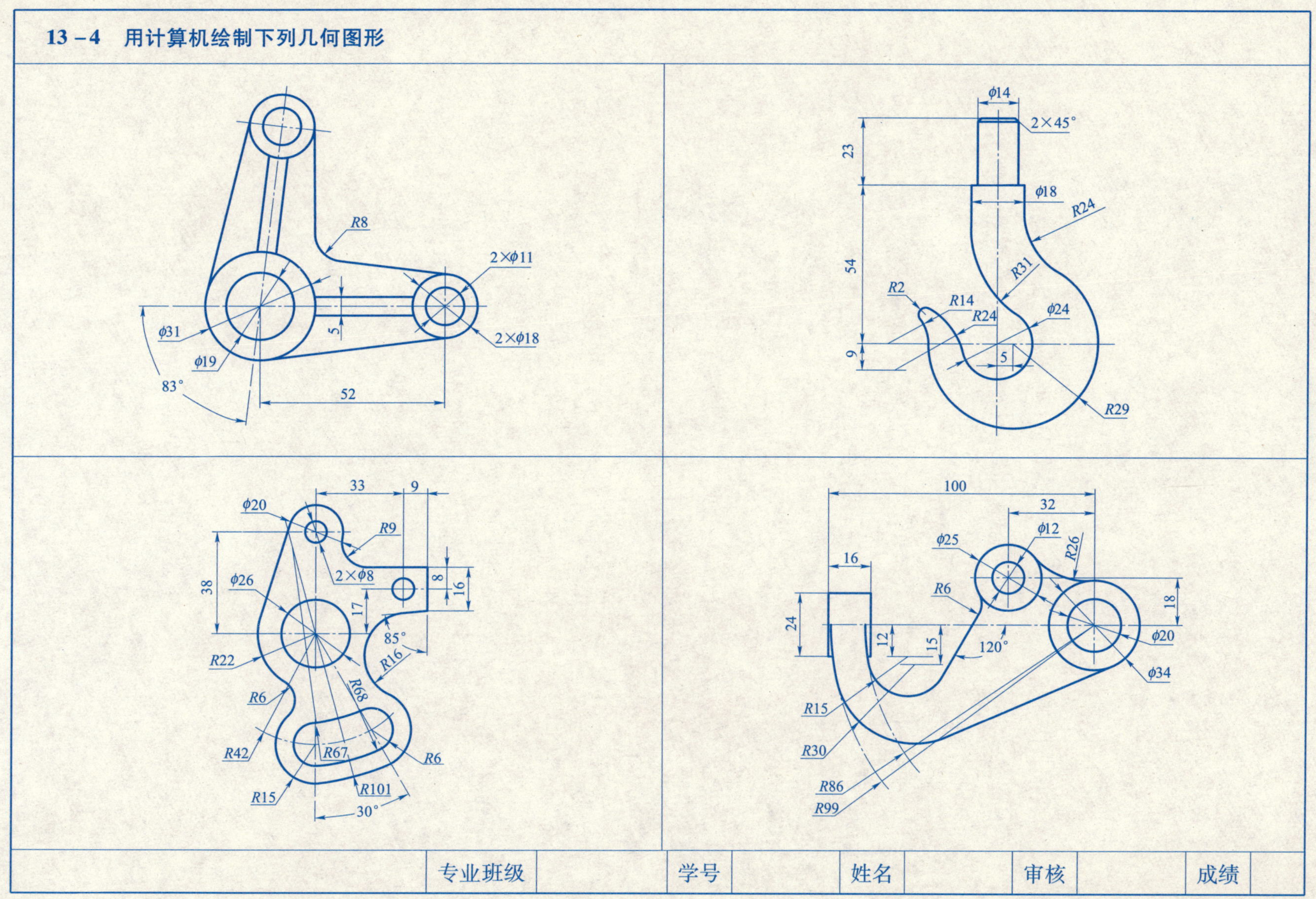

专业班级		学号		姓名		审核		成绩	